BIBLIOTHÈQUE DU CULTIVATEUR

PUBLIÉE

AVEC LE CONCOURS DU MINISTRE DE L'AGRICULTURE

CHIMIE

DES

VÉGÉTAUX

PAR

LE DOCTEUR SACC

Professeur à l'Académie de Neuchâtel en Suisse
Membre correspondant de la Société centrale d'agriculture
de celles de San Isidro et de Toulon
Membre honoraire des Sociétés d'acclimatation de Berlin et de Moscou
Membre correspondant de la Société industrielle de Mulhouse
de la Société d'histoire naturelle de Colmar
Chevalier de l'ordre R. W. de Frédéric, etc., etc.

TROISIÈME ÉDITION

PARIS

LIBRAIRIE AGRICOLE DE LA MAISON RUSTIQUE
26, RUE JACOB, 26

CHIMIE DES VÉGÉTAUX

ORLÉANS, IMP. DE G. JACOB, CLOITRE SAINT-ÉTIENNE, 4.

CHIMIE

DES VÉGÉTAUX

PAR

LE Dr SACC

Professeur à l'Académie de Neuchâtel en Suisse,
Membre correspondant de la Société centrale d'agriculture,
de celle de San-Isidro et de Toulon,
Membre honoraire des Sociétés d'acclimatation de Berlin et de Moscou,
Membre correspondant de la Société industrielle de Mulhouse,
de la Société d'histoire naturelle de Colmar,
Chevalier de l'Ordre R. W. de Frédéric, etc., etc.

TROISIÈME ÉDITION

PARIS
LIBRAIRIE AGRICOLE DE LA MAISON RUSTIQUE
26, RUE JACOB, 26

L'auteur et l'éditeur se réservent le droit de traduction
et de reproduction à l'Étranger.

CHIMIE DES VÉGÉTAUX

Ce qui caractérise la vie, c'est ce mouvement continu de la matière qui produit l'accroissement, et puis ensuite le décroissement de tous les corps ; sous ce rapport-là, le minéral est tout aussi vivant qu'une plante ou un animal. Le mouvement vital s'opère à l'extérieur dans les minéraux ; à l'intérieur, dans les plantes et les animaux. Le minéral reçoit ses aliments tout formés, tandis que la plante et l'animal les modifient avant que de les associer à la masse de leur corps ; c'est ce travail de la modification des aliments qui distingue les êtres organisés de ceux qui, comme les minéraux, ne possèdent pas d'organes, ou, en d'autres termes, ont toutes les parties de leur masse douées des mêmes caractères et de fonctions identiques. Ainsi, par exemple, lorsqu'on plonge un cristal d'alun dans une solution saturée de ce sel, il s'augmente par tous les points de sa surface, tandis que les plantes n'absorbent leurs aliments que par les feuilles et les racines, et les animaux que par la bouche. Ces différences deviennent de plus en plus saillantes à mesure qu'en s'élevant dans l'échelle des êtres, on met en parallèle les individus les plus complets de chacun des règnes ; ainsi, par exemple, le cristal de roche, avec le cerisier et le cheval ; le cristal avec ses angles et ses facettes, sa transparence et son énorme dureté ; le cerisier avec ses racines, son tronc, ses feuilles, ses fleurs, sa dureté, son immobilité relativement au sol ; le cheval avec ses os, sa chair et sa peau, sa bouche, ses oreilles, ses yeux, la mollesse de ses tissus et la faculté de sentir et de se mouvoir. Il n'y a pas moyen de saisir d'emblée un rapport entre ces trois êtres, et cependant il y en a un des plus frappants : c'est celui de la symétrie de leurs parties intégrantes. En effet, toutes les parties des êtres organisés sont disposées entre elles avec une symétrie aussi grande que celle des minéraux ; partout on retrouve cette grande loi naturelle qui apporte l'unité dans la variété, et qui lie entre elles toutes les parties de la création par la nécessité de l'ordre. Cette loi immuable, qui règle la circulation de la matière, soumet celle-ci à des lois d'attraction qui en déterminent les formes aussi régulièrement que le mouvement des astres auquel elle préside ; puis elle donne aux plantes la force d'organiser les minéraux ; aux animaux, celle de s'approprier certains principes formés par les plantes, et les fait ensuite rentrer tous dans le règne minéral d'où elle les avait tirés, après qu'elles se sont usées au contact de la vie, qui est la seule force en opposition avec celles qui régissent les minéraux. En effet, c'est l'oxydation qui est la règle générale pour la nature morte, tandis que la désoxydation ou, si l'on aime mieux, la réduction, est le trait caractéristique de tous les êtres vivants.

La durée des corps est d'autant plus courte qu'ils mettent moins de temps à se former ; celle des minéraux devrait être éternelle, parce qu'ils ne cessent pas de s'accroître, tout aussi bien que celle des végétaux et des animaux ; nous ne pouvons pas deviner la cause de leur fin, qui est évidemment en dehors de la sphère d'action des lois qui régissent l'organisation de la matière. Il y a donc un terme fatal fixé à l'action de la vie, des bornes au-delà desquelles elle ne peut s'avancer ; mais ces bornes, nous ne les connaissons généralement pas ; cette roche dure ici des siècles, et là elle ne cesse pas de se détruire ; telle plante, un chêne par exemple, vit ici 400 ou 500 ans, qui là est déjà caduc au bout d'un siècle ; enfin nous trouvons ces mêmes variations dans le chien et le cheval, vivant par exemple de quinze à trente ans ; le serin des Canaries, de cinq à douze ans, et ainsi de suite.

Il existe entre les plantes et les animaux une différence tout aussi tranchée que celle qui les sépare des minéraux ; les animaux n'absorbent leur nourriture que par une seule bouche, tandis que les plantes la reçoivent toujours par plusieurs ouvertures, placées sur les feuilles et sur les racines. De plus, la plupart des animaux peuvent changer volontairement de place et sont doués de sensibilité, ce qui les distingue très-nettement d'avec les végétaux, qui n'en donnent jamais que de très-faibles indices, sauf quelques rares exceptions, telles que la sensitive, qui se contracte lorsqu'on la touche.

Les végétaux organisent quelques-uns des minéraux, à savoir : l'acide carbonique, l'eau et l'ammoniaque ; ils les font passer de l'état de corps stables à celui de substances en général facilement décomposables, et qui le sont d'autant plus qu'elles doivent servir à former le corps d'êtres plus parfaits. Ainsi le bois, qui est la substance caractéristique des plantes, ne se décompose que lentement à l'air, où la viande, qui constitue essentiellement le corps des animaux, se pourrit en fort peu d'instants. Plus la vie est puissante dans un être, plus aussi les substances constituantes de son corps sont aqueuses, amorphes et instables ; cette vérité s'étend même aux différentes parties de son corps ; ainsi, par exemple, le cerveau, qui est le siége de la volonté et des sensations, est aussi la partie du corps la plus molle et celle qui se décompose la première.

Il y a bien plus encore : c'est qu'à mesure que la vie se développe, la force organisatrice de la matière disparaît ; ainsi, par exemple, la plante immobile et insensible organise les minéraux, tandis que les animaux mobiles et sensibles n'ont pas cette faculté ; ils se nourrissent de plantes et forment leur corps aux dépens de quelques-uns de leurs principes. Les animaux utilisent les végétaux, comme ceux-ci utilisent les minéraux ; mais ils ne créent pas de nouvelles substances ;

ils ne font qu'employer, en les triant, celles que les plantes leur fournissent. Les animaux sont donc le produit de la végétation ; ils en sont comme les graines, dans ce sens que toutes les parties des plantes sont utilisées pour la nutrition de l'animal, tout aussi bien que pour la formation de la graine. La plante crée la substance organique, et l'animal la consomme ; elle l'organise pour qu'elle soit apte à supporter la vie intellectuelle qui, elle, la fatigue et la détruit ; aussi peut-on dire que plus l'intelligence se développe, moins la force d'assimilation est grande. Parmi tous nos animaux domestiques, ceux qui s'engraissent le plus facilement sont le porc et le bœuf, ceux aussi dont l'intelligence est la plus obtuse ; la chèvre, le chien surtout, ne s'engraissent pas facilement ; mais aussi, combien leur intelligence est développée ! Pour le chien, si justement appelé l'ami de l'homme, elle semble quelquefois avoir reçu une parcelle de cette âme, apanage de l'homme seul.

La nature tout entière nous fait sentir qu'entre la force matérielle et la force intellectuelle, il y a la même distance qu'entre le jour et la nuit, qu'entre la vie et la mort, et il se trouve cependant encore des hommes assez éblouis par leur prétendu savoir pour oser chercher à expliquer les phénomènes de l'intelligence, à l'aide des modifications de la matière. On a vu des savants soutenir que le développement de l'intelligence est en rapport avec le volume du cerveau ; mais la nature a bientôt prouvé la fausseté de cet impie rapprochement, car les pauvres idiots ont souvent un cerveau énorme, et les hommes de science les plus distingués ont quelquefois terminé leurs jours dans les maisons d'aliénés. D'ailleurs, qu'est-ce qu'est cette raison dont l'homme se glorifie tant, sinon un piége toujours tendu à sa vanité, un instrument dont il ne peut se servir, sans se blesser, qu'à la condition de l'employer en toute humilité ? Qu'est-ce qu'est cette raison, qu'une chute, un mal de dents, un coup de soleil, souvent même un léger écart de régime seulement, trouble et quelquefois même anéantit ? Oui, glorifions-nous de notre raison, tirons vanité de notre intelligence, et bientôt nous serons arrêtés, tandis qu'en rapportant tous ces beaux dons au ciel, qui nous les a accordés, nos vues s'étendent sans gêne sur tous les objets créés ; elles sondent sans indiscrétion les mystères de la nature et nous conduisent à louer Dieu des vérités qu'il nous découvre, tout aussi bien que de celles qu'il juge à propos de nous cacher.

L'étude des végétaux offre un intérêt tout particulier, puisqu'elle permet de voir comment les minéraux se changent en substance organisée. Le règne végétal offre l'expression la plus pure des fonctions matérielles ; tous ses membres n'ont d'autre but que de croître et multiplier, et comme ces fonctions s'effectuent sans qu'ils en aient la moindre conscience, on trouve un rapport frappant entre les plantes et les minéraux ; aussi peut-on dire qu'elles ne sont que des minéraux organisés. Les plantes sont les minéraux chargés de transformer les matières stables en substances décomposables, absolument de même que les volcans remanient la terre et reproduisent des roches à mesure que l'effort des éléments en use d'autres.

Si les plantes sont chargées d'organiser la matière, les animaux, eux, la modifient et l'utilisent ; ils lui donnent le plus haut degré de perfectionnement dont elle soit susceptible ; puis ils la brûlent et la font rentrer dans le nombre des substances purement minérales, en lui donnant précisément la forme sous laquelle les plantes l'enlèvent à l'atmosphère.

Chose étrange, mystère des plus profonds, tous les êtres vivants naissent de l'air ; l'atmosphère qui nous entoure est le réservoir de la vie. Cet air, si léger que nous lui comparons souvent le néant, est précisément la matière première que Dieu utilise pour créer toutes les plantes, tous les animaux. Quelle est donc cette force qui, après avoir liquéfié et solidifié tous ces gaz, les organise ? C'est la force vitale, c'est cette puissance que l'homme cherche à nier, mais contre laquelle tout son savoir fait naufrage ; c'est le rocher que n'entament pas plus les scalpels que les creusets : c'est le secret du Créateur. Un seul connaît le secret de la vie, dont nous ne pouvons percevoir que les effets. Contentons-nous de cette étude déjà si admirable, si infinie, et adorons-en l'origine, que nous ne pouvons pas comprendre.

Il n'est aucune des branches de la chimie physiologique qui soit aussi étendue que celle qui s'applique à la botanique, et cela tout naturellement, puisque ce sont les plantes qui sont chargées d'organiser la matière ; aussi donnent-elles naissance à une foule vraiment extraordinaire de produits dont la multitude des substances minérales ne donne aucune idée. Quant aux animaux qui ne doivent qu'utiliser, puis minéraliser ensuite les substances organisées, ils ne produisent que bien peu de nouveaux corps, dérivés toujours des substances végétales dont ils se nourrissent.

CHAPITRE PREMIER

Formation.

Tous les végétaux sont composés de carbone, d'hydrogène, d'oxygène et de nitrogène en proportions variables ; quelquefois leurs produits ne contiennent que deux de ces corps simples, comme l'acide oxalique ; ou trois, comme l'acide tartrique, la fécule et le bois ; rarement tous les quatre, comme le blanc d'œuf et la viande. Quand on les brûle, car tous les végétaux sont combustibles, de même aussi que les animaux, ils laissent une cendre dont la quantité est très-variable, puisqu'elle s'élève depuis 1 jusqu'à 500 ou 600 pour mille du poids de la plante sèche. Sa composition varie d'ailleurs tout autant que sa proportion ; elle peut contenir les oxydes potassique, sodique, calcique, magnésique, ferrique et manganeux ; puis les acides silicique, sulfurique, phosphorique et chloride hydrique. Comme tous ces corps se rencontrent aussi dans les animaux, nous en ferons ici l'étude complète.

On appelle carbone le charbon pur ; quand il brûle à l'air, il absorbe l'oxygène de l'atmosphère et disparaît en passant à l'état de gaz ou air acide carbonique. C'est ce gaz qui se dégage des poumons ; c'est lui aussi qui sort des cuves de moût en fermentation, qui fait mousser l'eau de Seltz, la bière et le vin de Champagne. On le trouve partout dans l'atmosphère, dans la petite proportion de 3 à 5 dix-millièmes de son volume total ; il se dissout dans l'eau ; aussi le rencontre-t-on dans la plupart des sources. Quand l'eau est très-chargée d'acide carbonique et qu'elle passe sur des terrains calcaires, elle en dissout une certaine quantité qu'elle va déposer plus loin au contact de l'air, sous forme de tuf. C'est à cette action que nous devons de voir les terres perdre chaque année davantage de leur chaux, qu'entraîne l'acide carbonique contenu dans les eaux pluviales. L'action prolongée de ces eaux calcaires forme des terrains souvent très-étendus ; c'est elle qui bouche lentement toutes les cavernes du Jura. Son action est bien intéressante à étudier sur les roches compactes ; ainsi, par exemple, dans la grotte de Gorgier, formée de calcaire gris très-dur et amorphe, l'eau dépose, au-dessous de la voûte, du néocomien bien cristallisé et jaune, tandis qu'elle laisse tomber à terre de l'argile ; l'eau a donc, dans ce cas-ci, dissocié les éléments de la roche primitive. Cet exemple suffit pour faire comprendre de quelle manière ont pris naissance les terres si fortes qu'on trouve souvent au pied des roches jurassiques.

L'acide carbonique joue un rôle bien important dans la nature, puisque c'est lui qui nourrit les végétaux qui l'absorbent en grande quantité par leurs feuilles, sous l'influence de la lumière solaire ; c'est lui qui est, avec l'eau, le produit définitif de la décomposition de tous les êtres vivants ; aussi se dégage-t-il des terres en quantité d'autant plus considérable qu'elles sont plus riches en humus. Les animaux expirent une énorme proportion d'acide carbonique par la peau et surtout par les poumons, parce que ce gaz est le produit essentiel de la respiration.

Il n'est pas possible de deviner sous quelle forme existe

le carbone dans les êtres organisés ; il est évident cependant qu'il y existe à l'état de combinaison dont il forme la plus grande partie, puisqu'il suffit de chauffer hors du contact de l'air, dans un tube par exemple, une partie quelconque d'un végétal ou d'un animal, pour qu'il y reste du charbon. Le charbon est l'élément le plus caractéristique des êtres organisés, dans lesquels on le rencontre toujours associé, tantôt avec l'hydrogène, avec l'oxygène ou avec le nitrogène seulement, avec deux d'entre eux, ou avec tous les trois.

Les immenses dépôts de lignites et de houille, ainsi que d'anthracite, qu'on trouve dans les entrailles de la terre, sont le produit de la décomposition lente des générations végétales passées. Dans les lignites, il est facile de reconnaître encore la structure des arbres et de distinguer parmi leurs troncs épars des palmiers, des noyers, des saules, des noisetiers, dont les espèces ont disparu de la surface du globe, et dont on retrouve même des feuilles et des fruits disséminés au milieu des débris des arbres qui les ont produits. Sur les côtes de la Baltique, on trouve au-dessous du sol d'immenses forêts de pins sur le tronc desquels est attachée la belle résine connue sous le nom de succin ou ambre jaune ; ces pins, eux aussi, appartiennent à une espèce perdue. Il est probable que ces lignites sont le produit de l'enfoncement des forêts dans le sol. Quant aux houilles, dont la structure homogène et comme résineuse exclut toute trace d'organisation, il est probable qu'elles sont le produit de la putréfaction au sein des eaux salées de ces immenses masses de plantes marines qui garnissent les bas fonds dans certaines régions où elles constituent de véritables forêts, comme cela arrive dans le voisinage du cap Vert. Quand ces plantes se décomposent, elles fermentent, s'affaissent sur elles-mêmes et produisent une bouillie noire qui prend l'aspect de la houille à mesure qu'elle se dessèche. Lorsque les lignites ou la houille ont subi l'action du feu souterrain, ils ont perdu leur hydrogène, leur oxygène et leur nitrogène ; il ne reste plus d'eux qu'un charbon lourd et grisâtre, qui est l'anthracite.

Après le carbone, qui forme la plus grande partie du corps

des plantes, vient l'hydrogène, qui en est, après lui, la partie essentielle. L'hydrogène est un gaz incolore, inodore, insipide et tellement léger, que quand on l'introduit dans des ballons, il leur fait traverser l'atmosphère tout aussi facilement et pour la même raison qu'un morceau de liége monte à la surface de l'eau sous laquelle on l'a tenu plongé. Associé au carbone, l'hydrogène produit le gaz d'éclairage ; à l'oxygène, il donne naissance à l'eau. On l'obtient facilement en mettant de la limaille de fer au fond d'un vase à moitié plein d'eau, à laquelle on ajoute un peu d'acide sulfurique ou huile de vitriol : une vive effervescence se manifeste alors dans les liquides ; des bulles de gaz se dégagent de chaque parcelle de fer et montent à la surface de l'eau : c'est l'hydrogène. Cette décomposition a lieu parce qu'en présence de l'acide sulfurique, le fer attire et retient l'oxygène de l'eau, dont l'hydrogène se dégage à mesure que son oxygène la quitte pour s'unir au fer. L'hydrogène est éminemment combustible ; aussi prend-il feu dès qu'on en approche un corps enflammé ; on doit ne faire cette opération qu'avec précaution, parce que quand ce gaz est mêlé avec l'oxygène de l'air, il détone avec une effroyable violence au moment où on l'enflamme.

L'eau est une des substances les plus essentielles aux êtres vivants ; on la trouve dans toutes leurs parties, et cela en quantité d'autant plus considérable que ces parties sont chargées de fonctions plus importantes ; ainsi, par exemple, le bois sec ne contient que 10 p. 100 de son poids de ce liquide, tandis qu'il y en a 80 p. 100 dans les raves et les carottes, 75 p. 100 dans la chair des animaux. Les graines ne contiennent que fort peu d'eau ; mais elles confirment cette règle, puisqu'elles sont des organes dans lesquels la vie sommeille ; elles ne germent qu'après avoir absorbé une énorme proportion de ce liquide. Plus la vie est développée dans un être ou dans l'un de ses organes, plus aussi, toutes choses égales d'ailleurs, il est riche en eau ; dans les plantes, les feuilles, et surtout les fleurs, sont les parties les plus aqueuses, tandis que dans les animaux c'est la chair, c'est tout spécialement le sang et le lait.

1.

Dans le bois, la fécule, la gomme et le sucre, l'hydrogène est associé avec le carbone et l'oxygène ; aussi, quand on les chauffe à l'abri du contact de l'air , laissent-ils distiller de l'eau plus ou moins pure, tandis que leur charbon reste dans le tube.

Avec le nitrogène, l'hydrogène produit de l'ammoniaque ou esprit de corne de cerf, c'est-à-dire la substance active des fumiers, auxquels elle communique son odeur forte et piquante. C'est elle qui infecte l'atmosphère des étables dans lesquelles on laisse séjourner les fumiers, et c'est elle encore qui se forme aux dépens du nitrogène de l'air, quand il entre en contact avec l'humus humide.

L'oxgygène est encore un gaz incolore, inodore, insipide et assez lourd ; il forme 21 p. 100 du volume total de l'air, dont il est le seul principe capable d'entretenir la vie et la combustion. Quand on met une souris dans une bouteille et qu'on la bouche hermétiquement , le pauvre animal n'offre d'abord rien d'extraordinaire ; mais bientôt il devient inquiet ; sa respiration est pénible, haletante ; il prend des convulsions et meurt. Cela arrive parce que l'oxygène lui a manqué ; la souris ne serait pas morte si on avait, à l'aide d'un soufflet, renouvelé l'air de la bouteille. La même chose se passe quand on substitue à la souris une bougie allumée : sa flamme, brillante d'abord, devient de plus en plus petite et rouge ; elle s'allonge, fume et s'éteint, parce que l'oxygène lui manque. Ce sont ces deux caractères de l'oxygène qui lui ont valu le nom d'air vital ou air du feu ; la respiration des animaux, la combustion des bois, l'oxydation de l'humus enlèvent sans cesse à l'air une immense quantité d'oxygène que les plantes lui rendent bientôt, à mesure que leurs feuilles décomposent l'acide carbonique produit par ces différentes combustions et l'eau qu'elles tirent du sol.

Plus une substance organique contient d'oxygène, plus aussi elle possède les caractères des acides, c'est-à-dire la saveur aigre et piquante : l'acide oxalique qu'on trouve dans l'oseille est formé de carbone et d'une très-forte proportion d'oxygène ; l'acide malique, qu'on trouve dans les raisins, les groseilles et les

pommes, est formé de carbone, d'hydrogène et d'oxgygène, de
même aussi que l'acide acétique qu'on trouve dans le vinaigre.

C'est l'oxygène qui fait repasser tous les êtres organisés à
l'état de minéraux ; il les brûle en leur faisant reprendre la
forme d'acide carbonique, d'eau et de nitrogène, sous laquelle
les plantes les ont utilisés en les décomposant d'abord, pour
en former plus tard toutes les substances nécessaires à l'entretien de la vie. Il y a là, dans le règne végétal, une force toute
particulière qui paralyse celle de l'oxgygène, dont l'action
s'étend sur tous les minéraux, ainsi que sur tous les animaux ; les plantes repoussent l'oxgygène tout aussi fortement
que les animaux et les minéraux l'attirent. Cette mystérieuse
propriété tiendrait-elle à leur état électrique? On est tenté
de le croire en voyant que la réaction du règne végétal est
constamment acide, tandis que celle des règnes minéral et
animal est fortement alcaline, surtout celle du dernier, qui
est, des deux, celui qui a le plus de tendance à absorber
l'oxgygène de l'air. Il est bien connu, d'ailleurs, que les
plantes dégagent d'autant plus d'électricité qu'elles évaporent
plus d'eau, c'est-à-dire que leur végétation est plus active.
Si l'oxygène de l'air, dont il ne forme cependant que les
21 **p**. 100, suffit pour entretenir la combustion et la respiration, il le peut à bien plus forte raison quand il est pur. Son
action est tellement vive alors, qu'il rallume un copeau de
bois qui présente encore quelques points en incandescence,
et qu'il brûle le fer chaud tout aussi facilement que l'air con-
sume le charbon.

L'oxgygène est répandu dans la plupart des minéraux, et
en quantité énorme ; ainsi il y en a 300 kil. dans 625 kil. de
calcaire, et 24 kil. dans 45 kil. de cristal de roche ou de grès
quelconque, depuis la mollasse jusqu'à la pierre meulière,
tandis qu'il ne s'en trouve point dans le sel de cuisine.
L'oxgygène est de tous les corps simples celui dont l'action
est la plus puissante à la surface du globe ; aussi n'est-ce
que pour fort peu de temps que les plantes lui enlèvent le
carbone et l'hydrogène, que la mort ou bien l'action des
animaux ne tardent pas à lui rendre. Le but du règne végé-

tal est donc d'enlever à l'oxygène certaines substances qu'il crée, organise, et que l'oxygène reprend dès qu'elles se sont usées sous l'influence de la force vitale. L'oxygène joue le rôle du principe de la destruction vis-à-vis des êtres vivants, tandis que les plantes ont celui de la création, absolument comme les eaux tendent à en anéantir les montagnes, que les volcans relèvent ou même reforment sans cesse. Nous trouvons donc à la surface, comme dans l'intérieur du globe, toujours deux forces en présence, l'une qui anéantit, l'autre qui produit, l'une qui rappelle le principe du mal, et l'autre celui du bien. Au reste, plus on approfondit les mystères de la nature, mieux on voit partout et constamment aux prises ces deux puissances dont les efforts continus maintiennent l'équilibre du monde.

Les plantes n'ont besoin de l'oxygène que lorsqu'elles germent ; elles jouent alors vis-à-vis de lui le même rôle que le bois qui brûle, parce qu'elles ne vivent pas encore ; les choses changent dès qu'elles ont poussé des feuilles ; alors l'antagonisme commence : elles séparent et déplacent l'oxygène de ses combinaisons, jusqu'au moment où la mort vient mettre un terme à leur travail.

Le nitrogène forme la plus grande partie, les 79/100, en volume, de l'atmosphère, où il se trouve mélangé avec l'oxygène. C'est un gaz inodore, incolore, insipide, et qui paraît ne pouvoir pas être directement absorbé en grande quantité par les plantes auxquelles les racines le transmettent généralement sous forme d'ammoniaque, après qu'il a revêtu cette forme en s'associant avec l'hydrogène de l'eau, en présence du carbone de l'humus, qui en retient l'oxygène en produisant une quantité d'acide carbonique d'autant plus considérable qu'il y a eu davantage d'ammoniaque formée. Ce gaz semble pouvoir exister dans l'air sous forme d'ammoniaque, d'acide nitrique et de nitrite, ou nitrate ammonique, nés de l'union de ces deux principes ; au moins est-il bien établi qu'on trouve toujours de faibles quantités d'ammoniaque dans l'air, et que l'eau des pluies d'orage renferme une proportion appréciable d'acide nitrique. L'ammoniaque de l'air provient sans doute de l'humus du sol et de la transpiration des animaux ; quant à son acide nitrique, il paraît avoir été produit par le passage de l'étincelle électrique au travers de l'atmosphère dont elle associe les éléments, car l'acide nitrique est une combinaison de nitrogène et d'oxygène, comme l'ammoniaque en est une du même principe avec l'hydrogène.

On trouve le nitrogène dans toutes les parties les plus nutritives des végétaux, surtout dans leur sève et dans leurs graines, sous la forme de viande, de blanc d'œuf et de fromage, que les animaux s'approprient, pour en fabriquer à leur tour leur corps. Le nitrogène est un des éléments constitutifs essentiels du corps des animaux ; de là vient qu'après leur mort il dégage beaucoup plus d'ammoniaque que celui des plantes.

Quant aux substances incombustibles qui accompagnent la matière organisée dont elles constituent les cendres, la proportion dans laquelle elles s'associent à elle est excessivement variable, autant pour son poids total que pour sa composition. Ainsi, par exemple, la même plante qui, sur les Alpes, fournit beaucoup de potasse, donnera, sur le Jura, beaucoup de chaux et un peu de soude.

La composition des cendres dépend de celle du sol sur lequel croissent les plantes, parce qu'elles y sont mécaniquement apportées par l'eau que leurs racines enlèvent au sol ; aussi sont-elles d'autant plus abondantes que la terre est plus riche en parties solubles ; c'est si vrai que les herbes qui se développent dans les prairies salées contiennent du sel. La cendre du trèfle, qui a crû dans une terre calcaire, contient 43 centièmes de chaux, tandis qu'elle n'en renferme que 30 centièmes lorsqu'il vient de terres argileuses. La quantité et la composition des cendres varient aussi avec l'âge ; les jeunes plantes, beaucoup plus riches en sève que les vieilles, donnent plus de cendres qu'elles, et surtout beaucoup plus d'alcalis, tandis que ces dernières ne laissent guère que de la chaux ou de l'acide silicique dont le temps a encroûté leurs tissus, et qui ne se déposent jamais qu'en fort petite quantité dans leurs parties vertes et bien vivantes. Toutes les

plantes sont riches en alcalis pendant qu'elles sont en pleine
végétation, et riches en chaux et acide silicique quand elles
se reposent, parce que ces dernières restent mécaniquement
unies à leurs tissus, tandis que les alcalis repassent dans le
sol où les entraîne la sève descendante. Voici des analyses
qui le prouvent : les feuilles de mûrier, qui vertes donnent
3 p 100 de potasse, n'en ont plus que 1 p. 100 quand elles
tombent en automne. Les feuilles vertes des saules renferment
4 p 100 de potasse ; il n'y en a plus que 1 p. 100 quand elles
jaunissent et tombent. En échange, la chaux et l'acide silicique croissent dans un rapport inverse, ce qui fait que les
feuilles sont beaucoup plus délicates jeunes que lorsqu'elles
ont acquis tout leur développement.

Les substances minérales qu'on rencontre dans les plantes
semblent n'avoir d'autre but que d'endurcir les tissus et de
saturer les acides qui s'y développent. Chez les animaux,
leurs fonctions sont semblables, puisque la chaux, unie avec
les acides phosphorique et carbonique, produit la charpente
osseuse qui soutient leurs tissus, tandis que les alcalis tien-
nent en dissolution dans le sang les éléments destinés à les
régénérer à mesure qu'ils se détruisent.

Dans tous les êtres organisés, le rôle des cendres est donc
plutôt mécanique pour les éléments insolubles dans l'eau
pure, tels que l'acide silicique, ainsi que les carbonate et
phosphate de chaux, tandis qu'il est chimique pour ceux qui
sont solubles, tels que les sels de potasse ou de soude et
d'ammoniaque ; ces derniers ont pour but de prévenir la formation des acides et d'en arrêter l'effet désastreux lorsqu'ils
ont pris naissance.

CHAPITRE II

Composition.

Tous les végétaux présentent des organes qui jouent le rôle de feuilles, et d'autres celui de fruits ; on n'en trouve pas d'autres dans ces plantes si simples et si répandues, qu'on appelle sur terre mousses et lichens, dans l'eau varechs et fucus. Ces deux groupes d'organes sont bien l'expression la plus nette de la vie végétale, de cette vie absolument matérielle, puisque la feuille nourrit et que la graine multiplie. Ces deux organes, qui existent seuls dans les plantes inférieures, ne tardent pas à se diviser à mesure que les plantes se développent, en sorte que la feuille donne bientôt naissance à une racine dirigée vers le centre de la terre, puis quelquefois à un tronc, à des bourgeons, toujours à des feuilles plus ou moins distinctes, tandis que la graine est précédée par la fleur et couverte d'enveloppes plus ou moins compliquées auxquelles nous devons tant de fruits savoureux, et qu'elle acquiert elle-même un degré d'organisation bien remarquable. Comme l'agriculture ne s'occupe guère que des plantes les plus développées, on peut laisser de côté sans inconvénient l'examen des champignons, mousses et lichens, et cela avec d'autant plus de raison que l'analyse de ces étranges végétaux n'a point encore jeté un jour bien éclatant sur leur développement et leurs fonctions. Qu'il suffise de savoir que la force végétative de ces êtres si simples est beaucoup plus considérable que celle des plantes à organes développés, ce que prouvent suffisamment ces énormes champignons auxquels il ne faut qu'une seule nuit pour développer leur large et épais chapeau, puis aussi ces lichens et ces mousses auxquels il ne faut que peu de semaines pour tapisser les rochers les plus arides, le tronc des arbres ou le sol des forêts. Parmi les mousses, les plus utiles à l'homme sont les sphaignes ou mousses d'eau dont la végétation, continue autant que vigoureuse, transforme les marais en tourbières. Ces plantes croissent avec une telle rapidité que, malgré l'exiguïté de chacune d'elles, dont le diamètre ne dépasse guère celui d'un fil à coudre, il ne leur faut que sept à neuf ans pour remplir un fossé d'exploitation large de deux mètres sur un de profondeur. Il semble même que leur végétation est d'autant plus active que le climat est plus froid, car c'est dans le haut Jura que les tourbières se régénèrent avec le plus de rapidité, et cependant il y gèle durant toute l'année.

Jamais une plante n'a été étudiée avec autant de soin et de succès que les sphaignes, sur lesquels M. le docteur Schimper, de Strasbourg, vient de publier un travail complet et admirable sous tous les rapports. Nous ne pouvons assez le recommander à tous les penseurs qui y trouveront *tout, absolument tout* ce qu'ils peuvent désirer savoir du développement de ces plantes, depuis leur génération jusqu'à leur mort. M. Schimper n'a rien oublié, et les magnifiques planches qui accompagnent ce travail, unique en son genre, en font une œuvre d'art autant que de science.

Toutes ces plantes élémentaires ou cryptogamiques se développent rapidement sur les substances organiques en décomposition, et en accélèrent alors la destruction d'une manière effrayante, comme cela n'arrive que trop souvent aux boiseries appliquées contre des murs humides. Leur développement est si rapide qu'il ne faut pas plus d'une nuit aux champignons de la moisissure pour envahir tout un pain cuit la veille ; il suffit pour cela que ce pain soit en contact avec les semences des moisissures, ce qui arrive lorsqu'on le dépose sur une planche où il y a des traces de ces parasites. Quelquefois la moisissure produit dans les corps une modification particulière qu'on utilise pour faire promptement mûrir les fromages : à Roquefort, on introduit dans les fromages frais un petit morceau de fromage vieux et bien moisi qui a bientôt marbré toute sa pâte des belles végétations bleues et rouges qu'on aime à y voir.

La masse de tous les cryptogames paraît n'être formée que

d'un tissu cellulaire homogène, ce qui les distingue des autres végétaux, dans lesquels on découvre des tissus variés et une foule d'organes fort divers les uns des autres. On peut les diviser en cryptogames riches en eau, comme les champignons, les ulves, les tremelles, et en cryptogames secs, comme les mousses, les sphaignes, les fougères et les lichens. Les champignons ne se forment jamais que sur des objets ou dans un air très-chargé d'humidité ; de là vient qu'ils se développent avec une telle rapidité dans les saisons humides, à l'approche des pluies, et que le retour de la sécheresse en arrête complètement la multiplication. Il ne faut cependant jamais oublier que les champignons, ayant des graines, reviennent facilement à l'endroit où ils se sont développés une fois, et on doit éviter par conséquent d'offrir de nouveaux aliments à leur végétation. Si on dépose du pain, du fromage ou du fruit sur une planche où il y a eu quelque objet moisi, bientôt ils seront envahis par les champignons de la moisissure, quelque sain et sec que soit d'ailleurs l'air de l'appartement. Quand la moisissure envahit les rayons d'une cave ou d'un fruitier, il faut les enlever, les laver à l'eau bouillante chargée de lessive de cendres, les gratter avec soin, puis les laver une seconde fois à l'eau bouillante seule, et les laisser sécher avant que de les mettre en place. Il faut se mettre, pendant ce nettoyage, à l'abri des poussières de la moisissure, qui sont très-vénéneuses, comme du reste aussi tous les aliments moisis.

Quand les champignons envahissent la poutraison d'une habitation, il faut sur le champ en enlever toutes les parties atteintes, couvrir de chaux les murs humides, imbiber les bois d'une dissolution de chlorure zincique ou cuivrique, et faire subir à la maison ou à ses alentours les travaux nécessaires à l'éloignement des eaux qui la rendent malsaine. Du reste, on ne peut se garantir avec trop de soin de ces terribles champignons des bois, qui sont tellement vénéneux que leurs vapeurs ont déjà causé la mort de beaucoup de personnes. L'odeur de ces champignons est heureusement si forte, qu'elle en trahit la présence assez tôt pour qu'on puisse arrêter leurs ravages à temps.

Les champignons, sous quelque forme qu'ils se présentent, sont pour l'agriculteur des ennemis qu'il faut détruire partout et à tout prix, ce qui est facile avec les dissolutions de cendres ou avec le lait de chaux, qui est aussi le meilleur remède contre les lichens et les mousses. Il semble que tous les cryptogames fuient les substances alcalines ; cela est si vrai que les mousses d'eau, les sphaignes se développent dans des eaux dont l'acidité est si forte quelquefois, qu'elle est sensible au goût, et que la moisissure attaque les fruits les plus acides et se développe jusque dans le vinaigre.

Dans le voisinage des grandes villes, on cultive le champignon des couches, et dans les campagnes on recueille avec soin la morille, le mousseron et la truffe. La culture de ces trois champignons serait très-lucrative si on parvenait à la pratiquer ; malheureusement, on l'a essayée jusqu'ici sans beaucoup de succès. La morille aime les endroits ombragés, un peu humides, et les sols fertiles ; la truffe se développe dans les mêmes conditions, mais il lui faut plus de chaleur ; quant au mousseron, il exige le grand air et se trouve en automne dans les prés les plus arides, où il se développe sur un morceau de bois pourri, ou dans le voisinage des déjections des vaches. Les mousserons et les morilles ne se trouvent pas souvent plusieurs années de suite à la même place ; nous n'avons observé le contraire qu'une seule fois, et durant trois années consécutives, dans une forêt au-dessus de la fosse où on avait enterré un chat : les morilles qui se formaient là étaient énormes, en sorte qu'on pouvait croire que ces champignons se développeraient peut-être sur des terres engraissées avec du sang ou d'autres matières purement animales. Un fait en opposition apparente avec cette théorie, c'est que les morilles viennent en abondance dans les terres humides, fumées avec du tan épuisé ; mais ce tan-ayant été en contact avec des peaux, retient des substances animales, et la confirme au contraire. Il se pourrait bien d'ailleurs que chaque champignon exigeât un autre genre d'engrais ; ce qui tend à le faire croire, c'est que chaque plante, et pour ainsi dire chaque substance organique, possède une moisissure spéciale] et que la truffe ne se trouve en abondance que dans les forêts de charmes ou de chênes.

Les champignons offrent toutes les couleurs et souvent les teintes et les formes les plus variées, comme les plus brillantes ; une seule leur manque : c'est la couleur verte, que possèdent, en échange, presque tous les autres cryptogames. Leur mode de végétation est aussi différent du leur, car les champignons ne peuvent se développer que sur des matières organiques en décomposition ; ils sont incapables de décomposer l'acide carbonique de l'air et sont donc les parasites du règne végétal, absolument comme les puces, les vers et les poux le sont du règne animal.

Quoique les analyses que nous possédons des champignons soient fort imparfaites, elles donnent cependant une idée approchée de leur composition ; voici comment est composé le bolet des noyers :

Graisse..........................	0,19
Sucre incristallisable	0,04
Viande et albumine.	2,96
Sels potassiques et calciques....	0,48
Ligneux	7,60
Eau...........................	88,73
	100,00

Le champignon de couches est formé de :

Eau...........................	91,0
Viande et albumine.............	4,5
Graisse	0,5
Cellulose et gomme	3,5
Cendres	0,5
	100,0

Dans les truffes, on ne trouve que 72 p. 100 d'eau, mais 9 parties de viande et 15 de cellulose, ce qui explique leur consistance, plus grande que celle de tous les autres champignons.

Il y a peu de végétaux aussi riches en viande que les champignons ; aussi doivent-ils être rangés parmi les plus nutritifs, et ne devrons-nous pas être surpris de voir les insectes les attaquer avec tant de préférence.

Tous les autres cryptogames, en échange, décomposent l'acide carbonique de l'air et vivent à ses dépens, comme les végétaux des ordres supérieurs ; on peut juger de leur force vitale par la rapidité avec laquelle croissent les sphaignes des tourbières, les conferves des eaux douces, les varechs et les fucus des mers, ainsi que les mousses et les lichens.

Les sphaignes ou mousses d'eau possèdent les mêmes caractères que les mousses de terre ; leur couleur est verte, leur tissu raide et dur ; ils sont essentiellement formés de bois, et constituent donc de vrais arbres forestiers en miniature ; ces plantes ne demandent d'autres soins qu'une quantité d'eau suffisante et une exploitation prudente ; il faut éviter d'exploiter les tourbières en grandes masses ; on ne doit les enlever que par fossés alternativement entrecoupés de bandes intactes destinées à fournir les graines et les boutures ou drageons nécessaires à leur remplissement consécutif.

Quant aux conferves, ce sont ces charmantes végétations d'un vert si tendre, d'un tissu si délicat qui couvrent les pierres des ruisseaux d'eau douce, et qui tapissent celles des fontaines et des étangs ; elles se développent d'autant mieux que les eaux sont plus tranquilles et plus chaudes. Ces végétaux servent de pâture aux poissons herbivores, tels que les carpes et les tanches ; ils agissent avec une énorme puissance sur l'acide carbonique dissous dans l'eau et en dégagent des torrents d'oxygène, ce qui rend écumeuses les eaux riches en conferves, dès que les rayons solaires facilitent cette décomposition. L'action que les conferves exercent en petit dans les eaux douces est reproduite sur une gigantesque échelle par les varechs et les fucus dans les eaux de la mer, que la respiration de tous ses innombrables habitants charge d'une masse d'acide carbonique probablement plus grande que celle qui se produit à la surface de la partie solide du globe; aussi les forêts sous-marines produites par ces plantes ont-elles une étendue dont les forêts terrestres ne peuvent donner qu'une bien faible idée. C'est à la mort de ces forêts qu'on attribue la formation des houillières; ce sont elles qui servent de pâturage à plusieurs des gigantesques habitants des eaux, ainsi qu'aux coquillages dont les animaux à corps mou ne sont pas faits pour poursuivre une proie vivante. Dans la profondeur des mers, il y a un monde absolument semblable à celui qui se développe dans l'air, mais bien plus peuplé et beaucoup plus étendu, tant parce que sa croissance est continue que surtout parce que l'homme, qui domine en tyran sur le globe, n'a point encore trouvé le moyen de s'en approprier les richesses dont il ne connaît que la fraction perdue à la surface ou sur les bords des mers immenses.

Les habitants des rivages de la mer utilisent les fucus qu'ils y trouvent pour leur alimentation, et surtout pour la culture des terres, dont ils sont un excellent engrais; de même aussi, les paysans de la Bresse emploient les conferves à la fumure des étangs qu'ils mettent à sec.

Le fucus long d'Héligoland est formé de :

Ligneux	9
Oxide sodique	17
Viande	28
Sucre, gomme et graisse	7
Cendres	39
	100

Cette énorme proportion de cendres contient :

Chlorure sodique	49
Carbonate sodique	10
Chlorure potassique	3
Carbonate magnésique	4
— calcique	2
Oxyde ferrique	3
Acide silicique	3
Autres principes	26
	100

De cette double analyse résulte le fait que les fucus doivent être des engrais aussi énergiques que les meilleurs fumiers ; et ils le sont en effet.

Les mousses et les fougères entravent la culture ; elles gâtent les prés au milieu desquels elles se développent, et tuent les arbres sur l'écorce desquels elles croissent en abondance ; il faut leur faire une chasse aussi active qu'aux champignons. Quand elles envahissent le sol des forêts, il faut les enlever et les employer à la confection des composts, et non pas, au lieu de paille, à la litière du bétail, parce qu'elles remplissent les étables des insectes qu'elles nourrissent par myriades. La mousse nuit beaucoup au développement des forêts, tant parce qu'en couvrant le sol elle empêche l'oxygène de l'air de parvenir jusqu'aux racines des arbres que parce qu'elle empêche les graines qui tombent sur elle de s'enraciner ; une couche de mousse est presque aussi dangereuse à la surface du sol qu'une croûte pierreuse et compacte.

Quant aux lichens, ils ont une tout autre nature ; essentiellement composés d'amidon, ils sont très-nutritifs, et comme ils croissent non seulement sur les terrains les plus arides, mais jusque sur les rochers et dans les pays les plus froids, ils constituent une matière alimentaire des plus précieuses pour les habitants du Nord. Sans les lichens, le Lapon n'aurait en hiver que le poisson pour tout aliment, et il ne pourrait pas nourrir ses rennes. Sur le Jura, on trouve en abondance le lichen d'Islande, dont on fait un commerce assez actif ; il est fort à désirer qu'on trouve les moyens de cultiver cette plante, puisqu'elle permettrait d'utiliser les terrains les plus pierreux des régions les plus froides. Cette plante est fort nutritive, comme le prouve son analyse que voici :

Chlorophylle..................	2,0
Extrait amer	10,0
Sucre incristallisable..........	4,0
Sels potassiques et calciques ..	2,0
Fécule, gomme et ligneux.....	82,0
	100,0

Il y a encore d'autres lichens qu'on utilise pour l'extraction de diverses matières colorantes du plus beau violet ; mais ils appartiennent presque tous à des régions plus chaudes que celles de l'Europe centrale, spécialement aux iles du cap Vert, au Chili et à Madagascar.

Quelquefois les lichens se développent sur l'écorce des arbres qu'ils encroûtent d'une manière fâcheuse, et dont il faut les enlever avec soin. On doit aussi les détacher des murs qu'ils attaquent très-profondément, sans doute à l'aide des acides que quelques-uns d'entre eux sécrètent en abondance. Quel que soit leur mode d'action, le fait est que ces singuliers végétaux attaquent et détruisent les roches les plus dures ; ils réduisent en poussière jusqu'aux granits blancs du Mont-Rose, qui s'exfolient sous leurs racines beaucoup plus vite que sous l'action de la pluie et de l'acide carbonique de l'air.

Les parties constituantes chimiques des cryptogames sont celles qu'on retrouve dans tous les végétaux, à savoir : le bois ou ligneux, et la fécule ou amidon, avec des proportions variables de viande, de sucre, de résine et de gomme, plus de fortes proportions d'acide oxalique qui est aussi répandu dans les lichens qu'il est rare dans les végétaux supérieurs.

Toutes les autres plantes sont appelées phanérogames, parce qu'on connait leurs fleurs, tandis qu'on a si peu vu encore celles des cryptogames, qu'on ignore où et comment se forment leurs graines, qui sont tellement petites, qu'elles échappent en général à la vue. On appelle aussi ces plantes *végétaux vasculaires*, parce qu'elles ont des vaisseaux qui unissent entre elles les cellules qui forment cependant toujours la majeure partie de leur masse, comme aussi celle des animaux ; reste à savoir, d'ailleurs, si réellement les vaisseaux qu'on trouve en elles sont doués ou non de fonctions importantes pour la vie ; ce qu'il y a de positif, c'est qu'ils diffèrent beaucoup de ceux qui contiennent le sang chez les animaux. Dans tous les cas, les plantes de cet ordre ont des organes très-développés ; toutes ont des racines, des feuilles, des fleurs et des fruits ; beaucoup possèdent encore des troncs et des bourgeons. Elles naissent d'une graine ou d'un bourgeon et durent un an, deux ans, ou bien davantage ; il y a des arbres qui vivent depuis plus de quatre mille ans, comme par exemple les baobabs du Sénégal, les dragonniers de l'île de Ténériffe et quelques autres encore. En France, on trouve, en Normandie, des ifs qui ont huit cents ans ; certains châtaigniers de l'Etna ont au moins le même âge. Les plantes qui vivent plus de deux ans diffèrent des autres en ce qu'elles ont une écorce et une tige ligneuse, quand elles sont vivaces par leur tige, comme les noisettiers et les tilleuls ; cela n'arrive point quand leur racine seule est vivace, comme c'est le cas de la luzerne, du sainfoin, de l'oseille et de tant d'autres plantes encore.

Il est facile de comprendre pour les climats tempérés et froids comment finissent les plantes qui n'ont pas d'écorce : c'est le froid qui les tue, comme cela arrive aux pois, aux haricots et à la plupart des fleurs des jardins. En échange, comment se fait-il que le lin, le pavot et tant d'autres plantes sèchent après avoir porté des graines, et cela en plein été, par conséquent ayant tout ce qu'il leur faut pour se développer avec vigueur ? D'ailleurs, la même chose se passe dans les pays chauds pour toutes les plantes annuelles, en sorte que c'est une question à laquelle il n'est pas possible de répondre. La durée de la vie des plantes dépend des mêmes lois qui règlent celle de la vie des animaux ; c'est un mystère tout à fait en dehors des lois physiques et chimiques.

Toutes les plantes phanérogames naissent d'une graine ou d'un bourgeon, ce qui revient au même, puisque le bourgeon n'est pas autre chose que le germe d'une graine, en sorte qu'un arbre couvert de ses bourgeons est semblable à un fruit rempli de graines. C'est une ressemblance que la nature indique en transformant quelquefois les bourgeons en graines, et plus souvent encore les graines en bourgeons. Les bourgeons de plusieurs espèces de lis, ainsi que d'une dentaire, se changent en graines qu'on peut semer, tandis que dans le trèfle blanc, les oignons et les aulx, on trouve souvent que de jeunes plantes, c'est-à-dire des bourgeons très-développés, ont pris la place des graines. Quand on greffe, on transporte le bourgeon d'un arbre sur un autre ; c'est donc absolument comme si on mettait ces graines dans un sol fertile.

Les graines sont formées d'une partie charnue et d'un germe très-facile à voir dans les haricots. Quand on ouvre avec précaution un haricot, on le partage en deux parties dont l'une retient le germe : cette dernière seule lève lorsqu'on les met toutes les deux en terre ; l'autre pourrit. La partie charnue sert à nourrir la jeune plante durant la germination ; elle est formée d'amidon, ou d'huile et de viande ; à mesure que la jeune plante se développe, l'amidon disparaît, de même aussi que l'huile, tandis que la viande forme les tissus si délicats de la jeune plante. Dans ce travail, la fécule et l'huile disparaissent en totalité ; elles se brûlent et passent dans l'air, sous forme d'acide carbonique et d'eau.

Pour qu'on puisse avoir une idée nette de ce qui se passe lors de la germination des graines, nous donnons l'analyse de la graine de froment avant et après cet acte :

	Avant germination.	Après germination.
Fécule....................	74,91	68,80
Gluten....................	11,95	7,44
Gomme....................	3,56	8,92
Sucre.....................	2,44	6,47
Albumine	1,44	2,67
Ligneux, huile et résine ...	5,70	5,70
	100,00	100,00

Les choses changent dès que la plante est développée ; alors, enfonçant sa racine en terre, elle y puise l'eau nécessaire à sa végétation, tandis que les parties vertes de sa tige enlèvent à l'acide carbonique de l'air le carbone, et à l'eau l'hydrogène et les sels dont elle fait sa nourriture. Quand la plante a achevé de croître, elle épanouit ses fleurs, forme et mûrit ses graines.

Aucune végétation n'est possible au-dessous de 0°, c'est-à-dire lorsque l'eau gèle ; aussi le développement des plantes s'arrête-t-il dès que la température s'abaisse jusqu'à ce degré ; celles qui sont vivaces perdent en général leurs feuilles, et les autres périssent. Dans nos climats, la végétation ne commence à devenir générale, au printemps, qu'au moment où la température moyenne de l'air atteint + 10° C. ; il y a plus, toutes les plantes vivaces ne supportent pas le froid, car les arbres des pays chauds, tels que le caféier, le laurier à cannelle, le muscadier, périssent en hiver en Europe, quoiqu'ils soient constitués tout à fait de même que les cerisiers et les lauriers amandiers. Il en est d'eux absolument de même que des animaux des tropiques qui, comme les singes et les perroquets, ne supportent pas le froid des hivers de l'Europe centrale. À chaque zone appartiennent ses plantes et ses animaux : sous l'équateur, les palmiers et les arbres à épices, les singes, les perroquets et tous ces oiseaux à couleurs éblouissantes ; plus haut, le froment et les arbres à fruit, avec les gros animaux domestiques ; enfin, vers la région des neiges, les pâturages et les forêts d'arbres nains, avec leurs rennes et leurs bœufs musqués.

Les plantes et les animaux appartenant à chaque zone terrestre, à chaque climat, lui sont tellement propres, qu'on ne peut pas non plus les transporter impunément d'un pays froid dans un autre plus chaud ; les rennes meurent à Berlin, et les oies de Sibérie ne vivent pas longtemps dans le midi de la France. Les animaux finissent cependant à la longue par s'acclimater ; il n'en est point ainsi des plantes. Les végétaux de la Laponie ne se développent pas dans le centre de l'Allemagne ; le lin vient mal dans les pays chauds ; le froment et la pomme de terre ne donnent pas leurs produits dans la région des palmiers. Cette sage distribution des richesses végétales et animales, différentes pour chaque zone, est des plus heureuses, puisqu'elle nécessite la culture de chacune d'elles, qui sans cela seraient abandonnées par l'espèce humaine, qui se porterait en masse vers la plus fertile, et ne s'occuperait plus que du végétal et de l'animal qui lui fourniraient le plus facilement les produits qui lui sont indispensables. Il n'est donc pas rationnel de vouloir faire produire artificielle-

ment à un climat les substances que donne un autre climat tou[t]
naturellement ; ainsi, par exemple, la culture du cotonnier
et de la canne à sucre en Europe est une absurdité, puisque
le lin et le chanvre, la betterave et la carotte les y remplacent
avantageusement. L'agriculture de chaque pays doit produire
tout ce qui est nécessaire à l'entretien de l'homme, et chaque
zone peut y suffire jusqu'à un certain point, car elles sont
toutes tributaires les unes des autres, à tel point qu'il est
impossible à la société humaine de se diviser longtemps, parce qu'elle compromettrait par là l'intérêt de toutes ses frac-
tions. Les pays chauds demandent des farines, du lin, de la
laine, et exportent du coton, des huiles, du sucre, des épices ;
les pays tempérés demandent des huiles, des suifs, du coton,
du lin, du bois, du sucre, des épices, et exportent des farines,
des viandes et des laines ; les pays froids exigent les mêmes
importations que les pays tempérés, plus les farines, et exportent le lin, le chanvre, le bois, la peau, la chair et la
graisse des bêtes à cornes, et d'autres encore.

Chaque plante exige donc, pour se développer, une certaine
température qui varie avec la plupart d'entre elles, et quelquefois même avec les individus d'une seule et même espèce ;
ainsi, on voit dans un champ de pavots quelques têtes rester
vertes, tandis que toutes les autres sont mûres. La végétation
est d'autant plus rapide que la température est plus élevée ;
ainsi, dans l'Europe tempérée, les moissons et les vendanges
avancent ou retardent d'un mois sur leur époque ordinaire,
quand les étés sont chauds, ou froids et pluvieux. Les différences sont moins marquées sous les tropiques, où les saisons
ont une température presque absolument régulière. La végétation des plantes semble donc être liée, non point au temps,
mais à la température ; c'est ce qui a conduit à calculer quelle
est la chaleur nécessaire à la maturation des fruits de la plupart des plantes cultivées, et on a trouvé pour chacune d'elles
des nombres dont nous avons parlé en traitant de la chimie
du sol, et qui sont fortement influencés par l'intensité de la
lumière solaire.

La racine fixe la plante au sol d'une manière d'autant plus

solide qu'elle s'y enfonce plus profondément : sous ce rapport, il y a une différence encore entre les végétaux, puisque quelques-uns d'entre eux, comme les sapins, les trèfles et les carottes, plongent d'abord leurs racines profondément en terre, tandis que d'autres, comme les peupliers, les framboisiers et toutes les céréales, les étendent à la surface du sol. Les végétaux à racines profondes n'épuisent généralement pas la terre ; ils vivent essentiellement aux dépens de l'acide carbonique de l'air ; aussi leur culture améliore-t-elle toujours beaucoup les terres. Ce sont eux qui produisent l'énorme masse d'humus qui étonne tous les colons de l'Amérique du Nord, lorsqu'après avoir défriché les forêts, ils les mettent en culture. Les arbres sont effectivement les meilleurs types des plantes fertilisantes, parce qu'ils n'enlèvent rien à la terre, dans laquelle ils laissent chaque année les débris de leurs racines, et à la surface de laquelle ils répandent la totalité de leurs feuilles qui, en se décomposant, y produisent une couche d'humus d'autant plus abondante qu'elles sont en plus grande masse. Toutes les plantes à courte végétation ont les racines très-divisées et superficielles ; elles tirent la plus grande partie de leur nourriture de l'humus du sol, qu'elles épuisent ainsi rapidement, mais aussi en fabriquant dans le même espace de temps beaucoup plus de matière organisée que les arbres. Telle est la raison pour laquelle la terre des pépinières, dans lesquelles on élève des plants destinés aux jardins, exige des masses énormes d'engrais. La composition des racines est très-variable ; elle est identique à celle des tiges dans les plantes annuelles, tandis qu'elle se rapproche beaucoup de celle des graines dans les plantes vivaces par leur racine, comme le prouve l'analyse suivante de la racine de saponaire :

Résine	1
Gomme et sucre	67
Ligneux	22
Eau	10
	100

Plus la végétation d'une plante épuisante est vigoureuse, plus aussi elle emprunte de matière organique au sol ; la pomme de terre de Rohan, par exemple, avec ses gigantesques tiges de 2 à 3 mètres, épuise la terre beaucoup plus que la pomme de terre bleue, dont les fanes sont courtes.

La fertilité de la terre est un capital auquel on ne doit demander que des intérêts, et qui diminue dès qu'on en exige plus que le taux légal ; l'usure est punie en agriculture encore plus sûrement que dans les affaires : l'abondance des récoltes est en rapport direct avec la richesse du sol, en sorte qu'il faut maintenir entre elles un sage équilibre duquel dépend la prospérité du cultivateur.

Le développement des arbres est trop lent, leurs produits trop incertains et leur nature trop peu nutritive, pour qu'ils puissent jamais être utiles et cultivés en grand pour la nourriture exclusive de l'homme ; il n'est possible de faire exception ici que pour le châtaignier et le chêne à glands doux, deux arbres dont la culture est limitée aux régions chaudes et tempérées de l'Europe. L'énorme multiplication de l'espèce humaine l'ayant contrainte à exiger du sol la plus grande masse possible de nourriture dans le plus court espace de temps et avec une très-grande régularité, l'agriculture a dû avoir recours aux végétaux les plus épuisants, c'està-dire aux plantes annuelles qui parcourent en peu de semaines toutes les phases de la végétation, et dont les produits sont aussi constants que possible. Il ne faut donc point être surpris de ne rencontrer dans la grande culture presque absolument que des plantes épuisantes, dont font partie toutes celles que l'homme emploie à son alimentation, depuis le maïs et le froment jusqu'au chou et à la laitue. Les fourrages seuls font exception à cette règle, et bien heureusement, car sans eux il serait difficile de trouver assez d'engrais pour compenser les pertes que la récolte des plantes épuisantes fait subir au sol. Cependant ici encore on découvre une précaution naturelle qui a pour but de parer à l'appauvrissemnt du sol : toutes les récoltes épuisantes, comme le froment, produisent beaucoup de paille, qui, retournant en terre sous forme de fumier, lui rend la plus grande partie de l'humus qu'elle avait perdu, en sorte que la fertilité de la terre ne peut diminuer d'une façon notable que dans le cas où on ne lui rend ni la paille ni les engrais produits par la consommation et la destruction des plantes qu'elle a produites.

Les racines profondes n'enlèvent au sol que de l'eau, avec les sels qu'elle tient en dissolution et qui en constituent les 3 à 6 millièmes. Ces sels ont une constitution variable avec la nature du sol ; en général cependant, ce sont des silicates, chlorures ou sulfates de potasse ou de soude, des phosphates ou des carbonates de chaux et de magnésie. Les premiers de ces sels et ceux de magnésie, étant très-solubles dans l'eau, ils se trouvent dans les parties les plus vivantes de la plante, comme les feuilles, les fleurs et les fruits, tandis qu'on ne rencontre les sels de chaux, de fer et les silicates que dans leurs parties mortes, comme l'écorce, ou douées d'une faible vitalité, comme le bois ; cela vient de ce que ces sels ne se dissolvent que dans l'eau chargée d'acide carbonique, en sorte qu'ils se déposent dès que les feuilles leur enlèvent ce dissolvant et qu'ils sont rejetés en dehors. Quand la sève n'amène plus assez d'eau pour les entraîner, ces sels se déposent dans le tissu même des feuilles, qu'ils altèrent et minéralisent. On s'assure de ce fait en brûlant une feuille âgée et en voyant quelle énorme masse de cendre formée de chaux et d'acide silicique elle laisse, tandis que les jeunes feuilles vertes, qui en laissent beaucoup moins, ne contiennent guère que des alcalis. Plus la plante est vigoureuse, moins il se dépose de chaux dans ses tissus, qui ne sont gorgés que de sels alcalins ; telle est la raison pour laquelle les plantes annuelles, coupées vertes, fournissent beaucoup plus de potasse que les arbres. Il ne faut cependant pas se figurer que ces plantes annuelles doivent leur richesse en alcalis à une disposition particulière de leurs tissus, puisqu'elles n'en contiennent plus que fort peu lorsqu'on les laisse sécher sur pied avant de les couper. De même encore, les feuilles des arbres sont très-riches en alcalis quand on les coupe au mois de juin, tandis qu'elles n'en contiennent plus quand elles tombent au mois d'octobre. Il n'y a donc pas moyen de douter que les substances minérales qu'on trouve dans les plantes y soient apportées par l'eau que leurs racines enlèvent au sol, et qu'elles y sont d'autant plus abondantes que la plante plus jeune retient davantage l'eau. Tant que les tissus sont gorgés de sève, la chaux est entrainée vers l'écorce ou dans le sol; mais à mesure que sa masse diminue, la chaux se dépose dans les tissus, qu'elle incruste d'autant plus fortement qu'ils sont plus éloignés des parties essentiellement vivantes. C'est pour cette raison que, tandis qu'on trouve peu de chaux dans les graines des plantes, on en rencontre davantage dans leur aubier, plus encore dans leur bois, et que c'est dans l'écorce qu'il y en a le plus.

A mesure que le mouvement vital de la plante se ralentit, les alcalis que la sève avait apportés dans ses tissus repassent dans le sol, parce qu'étant plus solubles dans l'eau que les sels de chaux, ils déplacent ceux-ci, auxquels ils se substituent; de là vient que les branches d'un arbre sont relativement plus riches en chaux en hiver qu'en été, où la sève leur apporte l'eau en abondance. Quand la sève cesse de circuler dans un végétal, elle entraine donc en terre presque tous les sels alcalins qu'elle tenait en dissolution.

Il est clair que si les racines n'enlevaient au sol qu'une dissolution de sels minéraux, elles ne pourraient pas l'épuiser. Les racines des plantes épuisantes lui enlèvent encore de l'acide carbonique qu'il leur donne tout formé, ou bien aussi sous forme d'humus; l'effet produit est le même, en ce que quelle que soit la forme sous laquelle la matière organique est absorbée, le sol s'appauvrit. Quand on coupe un arbre à végétation très-vigoureuse, un peuplier, par exemple, au printemps, au moment où la sève monte avec le plus d'énergie, on la voit sortir du tronc toute remplie de bulles de gaz acide carbonique qu'elle a tiré du sol. Cependant, si on laisse cette sève exposée pendant quelques heures au contact de l'air, elle se trouble bientôt; il s'y dépose des flocons gommeux, d'abord incolores, mais qui bientôt brunissent et affectent alors tout l'aspect de l'acide humique. En conséquence, il est probable que les racines des arbres enlèvent au sol son humus, en partie tel quel sous forme d'humate ammonique, en partie sous celle d'acide carbonique.

L'acide carbonique du sol est formé par la combustion de l'humus, provoquée directement par l'oxygène de l'air, ou bien par celui que les racines laissent constamment passer dans la terre et qu'elles reçoivent des feuilles. Quant à l'humus qui est absorbé par les racines, elles le trouvent toujours à leur portée sous forme d'humate ammonique ou alcalin soluble dans l'eau.

La structure des racines est analogue à celle des tiges, c'est-à-dire qu'elle se complique avec la leur ; très-simple dans les graminées, elle présente dans les arbres trois tissus différents correspondant à l'écorce, à l'aubier et au bois. Elles sont en général plus riches en eau et en principes nutritifs ou autres que les tiges ; ainsi, par exemple, dans les racines des carottes et des betteraves, on trouve de la fécule et du sucre ; dans celles de la rhubarbe et de la gentiane, du sucre, de la gomme et des substances amères ; dans celles du pin, beaucoup de résine ; dans celles de la guimauve, beaucoup de gomme, et dans celles de la garance, de la gomme et une belle couleur rouge.

Sans aucune autre signification pour la plante annuelle que celle d'organe nutritif et adhérant au sol, la racine en acquiert une autre fort importante dans les végétaux bisannuels ou vivaces par leurs racines ; elles servent alors de dépôt aux substances nutritives amassées par le végétal pour son développement de l'année suivante, aussi longtemps que ses racines et ses feuilles ne sont pas encore assez puissantes pour le nourrir. Sous ce rapport-là, elles jouent le rôle des graines, et sont composées aussi d'un germe et d'une substance nutritive qui s'épuise au printemps pour nourrir le germe jusqu'au moment où, ayant développé des feuilles, il peut décomposer l'acide carbonique de l'air.

En effet, les carottes, les topinambours, les dahlias, les pommes de terre, les betteraves et les raves qu'on conserve d'une année à l'autre pour en avoir les graines deviennent d'autant plus flétries que la tige est plus grande, et finissent par ne plus présenter qu'un tissu ligneux, mou et desséché.

Les tubercules des pommes de terre et des patates douces, ainsi que des topinambours, ne sont pas des racines, mais bien des tiges souterraines; elles diffèrent des racines en ce qu'elles portent des yeux ou bourgeons capables de former tout autant de nouvelles plantes, tandis que les vraies racines bisannuelles ou vivaces à tiges caduques ne présentent jamais qu'un seul bourgeon placé à la partie supérieure, comme c'est le cas des raves, de l'oseille et des asperges. Nous allons rapporter l'analyse des tubercules, ou plutôt tiges souterraines de la gesse tubéreuse, afin de prouver que dans les plantes à tiges vivaces il s'accumule d'abondantes provisions de matières nutritives, analogues à celles qu'on trouve dans les graines :

Fécule	168
Sucre de canne	60
Huile	18
Albumine	58
Ligneux	50
Sels	9
Eau	637
	1000

On voit par là que la différence essentielle qu'il y a dans le rapport des différentes substances nutritives contenues dans les graines et les tiges vient du sucre qui se trouve en beaucoup plus forte proportion dans ces dernières, dont il constitue quelquefois la partie essentielle, comme c'est le cas pour la canne à sucre, qui est formée de :

Sucre cristallisable	15
Ligneux	11
Eau	74
	100

Quand la tige des plantes est vivace, leurs racines ne servent plus de magasin spécial à leurs aliments ; on les trouve disséminés sous toute leur écorce, où le développement des bourgeons au printemps les absorbe. Pour bien comprendre les fonctions de la tige comme réservoir de la nourriture végétale, il faut l'examiner dans les plantes où elle se présente en raccourci, comme dans les oignons, par exemple. Là, on la trouve toute gorgée de sucs nutritifs, tels que gomme, sucre et fécule.

Parmi toutes les racines, il n'y a donc d'alimentaires que celles des plantes dont les tiges périssant chaque année, les racines ou les tiges souterraines contiennent souvent les provisions destinées à les reproduire chaque printemps.

Les feuilles sont aussi l'apanage de tous les végétaux supérieurs, chez lesquels elles se présentent avec une diversité de formes et de couleurs vraiment admirable ; les unes sont entières, comme celles des choux et des pommiers, tandis que les autres sont découpées de la façon la plus pittoresque, comme celles du trèfle et des acacias. Il y en a de charnues, comme celles de la joubarbe, tandis que la plupart des autres plantes les ont minces et même quelquefois sèches, comme celles des rosiers. Les unes sont rouges, les autres vertes, d'autres encore panachées de vert et de blanc. Cette diversité de formes, de consistance et de couleur n'était pas encore assez ; une étude approfondie des végétaux a appris que toutes les fleurs, tous les fruits naissent de la métamorphose des feuilles. Il est donc absolument vrai de dire que tout le végétal est formé de feuilles ; la feuille est son représentant le plus complet. En général, les feuilles sont vertes ; on en trouve cependant quelquefois de rouges, comme celles des épinards, du hêtre, et surtout du noisettier à feuilles rouges, ce qui n'empêche pas ces plantes d'être très-vigoureuses. Il n'en est plus ainsi quand les feuilles prennent une teinte jaune ou blanche : elle dénote toujours chez elles une maladie ; les végétaux dont les feuilles prennent cette couleur sont rabougris et faibles, à une exception près : c'est l'*Aucuba japonica*, arbrisseau très-fort, à larges feuilles persistantes, panachées naturellement de blanc, tandis que toutes les autres panachures sont l'effet d'accidents.

Les feuilles sont la partie du végétal qui se développe dans l'air ou dans l'eau ; leur tissu délicat indique déjà qu'elles ne peuvent subsister que dans un élément très-mobile ; elles apparaissent dès que le germe se développe, à peu près en même temps que la petite racine de la graine s'enfonce dans le sol. Blanches d'abord, puis jaunes, elles verdissent rapidement au contact de l'air, auquel elles enlèvent l'acide carbonique destiné à nourrir la plante par son carbone, et à entretenir par son oxygène l'équilibre dans la composition de l'air. Leurs fonctions sont bien importantes, puisqu'aucune plante ne pourrait se développer normalement sans feuilles. Cet axiome n'est point infirmé par la végétation souterraine de la petite pomme de terre Marjolin, qui peut se développer uniquement à l'aide de ses tiges souterraines, sans former de tiges aériennes, non plus que de feuilles ; dans ce cas, il ne peut en effet être aucunement question d'une décomposition de l'acide carbonique, puisque le soleil n'arrive pas jusqu'à la plante ; il faut donc qu'elle se nourrisse d'humus absorbé directement, et c'est donc la preuve la plus forte qu'on puisse invoquer en faveur de l'utilité immédiate de l'humus.

Les feuilles reçoivent la sève pompée par les racines, c'est-à-dire une dissolution d'acide carbonique, d'humate ammonique et de sels minéraux ; elles absorbent, d'autre part, l'acide carbonique de l'air ; en d'autres termes, en laissant de côté les sels qui n'ont qu'une part indirecte à la nutrition de la plante, les feuilles reçoivent de l'humate ammonique, de l'acide carbonique et de l'eau. Il est probable que l'humate ammonique est employé à la formation de la viande et du blanc d'œuf qu'on trouve dans toutes les feuilles, surtout dans celles qui sont charnues, ainsi que dans les graines de tous les végétaux. Quand on pile des feuilles de choux et qu'on en exprime le jus, on obtient une solution verdâtre qui se coagule quand on la fait bouillir, tout à fait de même que si on y avait versé du blanc d'œuf.

Dans le grain du froment, il y a beaucoup de viande ; c'est elle qui, en se décomposant, fait lever la pâte et rend le pain nutritif, tandis que chez les pois, on trouve dans la caséine la même substance qui se sépare du lait lorsqu'il se caille. Au reste, la manière dont s'opère cette transformation de l'humate ammonique est encore parfaitement inconnue; il y a même beaucoup de physiologistes qui pensent que le nitrogène qu'on trouve dans la viande, qui fait partie du corps de toutes les plantes, ne vient pas uniquement de l'ammoniaque absorbée par les racines, mais qu'il a été directement soustrait à l'air par les feuilles. Cette manière de voir est très-probable, puisqu'il y a beaucoup de plantes qui croissent, comme les pins, sur les rochers nus, et où, par conséquent, il n'y a pas la plus faible trace d'humate ammonique. D'ailleurs, pourquoi les végétaux n'absorberaient-ils point directement le nitrogène de l'air, eux qui non seulement lui enlèvent l'acide carbonique, mais encore le décomposent aussi? Beaucoup d'expériences sont venues ici appuyer les prévisions de la théorie. Cette absorption directe du nitrogène de l'air n'a cependant point encore pu être mesurée dans les expériences faites en petit, probablement parce que les plantes étaient malades, ou bien aussi parce que les observations n'ont point été assez prolongées. On ne doit d'ailleurs pas être surpris que ce point de l'alimentation végétale soit encore dans l'obscurité, puisque les substances nitrogénées ne constituent qu'une très-petite fraction de la totalité du végétal.

Les choses se passent tout autrement relativement à l'assimilation de l'acide carbonique de l'air, qui s'effectue sur une immense échelle, puisque le carbone forme la plus grande partie des substances végétales. La décomposition de ce gaz est si rapide, que lorsqu'on remplit de feuilles un tube exposé au contact des rayons solaires, par un bout duquel on fait entrer de l'acide carbonique, il ne se dégage à l'autre que de l'oxygène pur; le poids des feuilles augmente alors précisément dans le rapport de la diminution du poids de l'acide carbonique, c'est-à-dire que si on fait passer 275 grammes d'acide carbonique sur 500 grammes de feuilles, elles pèseront 575 grammes après l'opération, tandis que le poids de l'oxygène dégagé s'élèvera à 200 grammes. Connaissant cette décomposition, il est facile de se rendre compte de la formation des plantes.

Toutes les parties essentielles du corps des végétaux sont formées de charbon et d'eau, sauf la viande ; leur formule ressemble beaucoup à celle de la fécule, qui est exprimée par $C^{12} H^{10} O^{10}$, c'est-à-dire par douze parties de charbon et dix parties d'eau, composée d'un nombre égal d'équivalents d'hydrogène et d'oxygène. Il suffira donc de savoir comment la fécule peut se former aux dépens de l'acide carbonique et de l'eau pour connaître la manière dont prennent naissance tous ses dérivés, tels que le bois, les sucres et les gommes. Si 12 équivalents d'acide carbonique et 10 équivalents d'eau arrivent dans les feuilles, ils produiront un équivalent de fécule et vingt-quatre équivalents d'oxygène, suivant l'équation $C^{12} O^{24} + H^{10} O^{10} = C^{12} H^{10} O^{10} + 24\,O$.

La formation de la viande est beaucoup plus difficile à expliquer, parce qu'elle suppose que l'eau a dû se décomposer aussi en même temps que l'acide carbonique, ce qui n'a point encore pu être observé directement. La formule de la viande étant $C^{36} H^{50} N^{8} O^{10}$, on la reproduit en additionnant 36 équivalents d'acide carbonique, 50 d'eau et 8 de nitrogène, et en séparant tout l'oxygène de l'acide carbonique, soit 72 équivalents, et les quatre cinquièmes, soit 40 équivalents, de celui de l'eau dont on garde le dernier, soit 10 équivalents, pour fournir à la viande l'oxygène qui s'y rencontre ; on obtient ainsi l'équation $36\,CO^{2},\ 50\,HO,\ N^{8} = C^{36} H^{50} N^{8} O^{10} + 112\,O$. On voit par cet exemple que les végétaux doivent dégager beaucoup plus d'oxygène quand ils produisent de la viande que lorsqu'ils forment leurs tissus propres.

Si l'on n'a point pu encore observer la décomposition de l'eau dans le tissu des plantes, elle n'en est pas moins avérée, puisqu'on y rencontre des substances pauvres en oxygène et riches en hydrogène, qui n'ont pu se former qu'aux dépens de l'eau, par le départ de son hydrogène. L'acide des huiles est dans ce cas ; sa formule est $C^{36} H^{34} O^{4}$, tandis qu'elle devrait être $C^{36} H^{34} O^{34}$, s'il était formé de carbone et d'eau, puisque l'eau contient autant d'hydrogène que d'oxygène ;

cet acide, en se formant, a donc dû dégager 30 équivalents d'oxygène de l'eau en sus des 72 équivalents du même corps provenant de la décomposition de l'acide carbonique.

Une autre raison doit faire admettre sans objection la décomposition de l'eau dans les tissus des plantes : c'est que tout l'oxygène produit par eux ne sort pas par les feuilles, ainsi que cela arrive quand ils dissocient les éléments de l'acide carbonique ; des observations récentes ont appris qu'il y en a une partie qui descend des feuilles à travers tout le corps de la plante et ressort par les racines, d'où elle se répand dans le sol, où elle transforme le terreau en acide carbonique absorbable par les racines. C'est une vérité dont il est facile de se convaincre, quand on observe par un jour serein les racines du *pontenderia crassipes*, plante aquatique qui croît dans les parties chaudes de l'*Amérique*, où elle forme presque seule, dit-on, les fameuses îles flottantes qui ont si souvent émerveillé les voyageurs. Les racines de cette plante ont un tube central noir sur les côtés duquel les radicelles se développent sur deux rangs opposés l'un à l'autre, absolument comme les barbes d'une plume ; dès que le soleil darde ses rayons sur la page de la feuille, on voit les bulles d'oxygène descendre des feuilles dans leur pédicule et se dégager à l'extrémité de chacune des radicelles.

Cette expérience est concluante, puisqu'elle est faite avec un végétal placé dans son élément ; il est à regretter qu'on ne puisse pas la répéter avec les végétaux terrestres ; mais nous ne pouvons d'aucune façon recueillir pur le gaz qui, probablement aussi, est sécrété par leurs racines. Au reste, on ne doute plus de la sécrétion de l'oxygène par les racines des plantes, lorsqu'on voit l'énorme proportion d'acide carbonique qui se dégage de l'humus du sol, quoique celui-ci ne soit en contact que par sa superficie avec l'oxygène de l'air : il est donc évident, puisque son oxydation est si forte, qu'il doit y avoir au dessous de sa surface une source abondante d'oxygène qui ne peut provenir que des racines des végétaux.

Ce n'est que durant le jour que les feuilles décomposent

l'acide carbonique, et cela d'autant plus abondamment que le soleil est plus vif; leur action est très-grande sous l'influence directe des rayons solaires, tandis qu'elle se ralentit lorsque ces mêmes rayons ne leur arrivent plus directement; c'est au point que le moindre nuage qui passe au devant du soleil diminue le dégagement d'oxygène qui sort des feuilles. C'est à cette cause qu'il faut attribuer la différence si grande qu'on remarque dans le développement des mêmes plantes croissant dans le même terrain, quand les unes sont exposées au midi et les autres au nord, ou bien tout simplement quand, placées dans les mêmes conditions, les unes interceptent les rayons solaires directs pour les autres. Tout récemment encore, en visitant une jeune vigne plantée il y un an, dans un verger, j'ai remarqué que tous les pieds placés derrière les arbres fruitiers, de manière à ne pas recevoir les rayons du soleil en plein midi, étaient restés des trois quarts en arrière sur les autres.

On a cru que certaines couleurs favorisaient le développement des plantes, en accélérant la décomposition de l'acide carbonique par les feuilles; mais de nouvelles recherches faites pour s'assurer de cette action ont prouvé qu'elle était toujours plus forte derrière les verres incolores que derrière tous les autres. Une seule espèce de verre fait exception à cette règle générale : c'est le verre ordinaire à surface dépolie; mais cette exception n'est qu'apparente, car ce dernier verre n'agit plus fortement sur les feuilles que parce qu'il laisse passer tous les rayons lumineux, dont le verre non dépoli renvoie une partie.

Plus la température est élevée, plus aussi les feuilles décomposent l'acide carbonique avec énergie, quand elles reçoivent assez d'eau des racines pour ne pas se flétrir, car dans le cas contraire, elles n'ont plus aucune action sur lui. Ce fait explique l'énorme développement des plantes pendant la saison chaude, et fait comprendre pourquoi les récoltes des pays tropicaux sont de beaucoup plus abondantes et plus sûres que celles des climats tempérés et surtout froids. A mesure que la température s'abaisse, les feuilles décomposent de moins en moins fortement l'acide carbonique, sur lequel elles cessent d'avoir aucune action à + 10° C.

Les feuilles décomposent d'autant plus d'acide carbonique qu'elles offrent à l'air une surface plus considérable ; il ne faut donc pas être surpris de voir les noisettiers, les marronniers, le trèfle, les laitues et les légumes en général croître avec beaucoup plus de vigueur que les chênes, les acacias, les pommiers, les poiriers, les pins, les asperges, toutes les céréales, les graminées et les pommes de terre. Toutes choses égales d'ailleurs, plus une plante porte de feuilles, plus aussi elle est saine, plus son développement est complet et rapide. Dans beaucoup de cas cependant, on cherche à entraver le développement des feuilles, parce qu'on a trouvé que lorsqu'il est très-actif, les végétaux se refusent à fleurir et à porter des fruits ; c'est ce qui arrive facilement aux arbres fruitiers. Cet effet est facile à comprendre lorsqu'on sait que les fleurs et les fruits sont les produits de la métamorphose des feuilles, métamorphose qui ne peut plus avoir lieu dès que la plante reçoit un excès de nourriture, parce qu'alors toutes les feuilles peuvent acquérir leur plein et entier développement. Ce qui est vrai pour les plantes que l'homme cultive dans le but d'en recueillir les fruits cesse de l'être pour les forêts et les légumes, dont il ne demande que le développement foliacé ; il est impossible, dans ce cas-là, de nourrir trop bien les végétaux ; aussi n'a-t-on jamais vu un jardin potager trop fortement fumé, ni un sol forestier trop fertile.

Dans les climats tempérés, on partage les arbres en deux groupes, comprenant, l'un ceux à feuilles persistantes, tels que les conifères, le lierre et le houx ; l'autre ceux à feuilles caduques, tels que les chênes, hêtres, frênes, saules, ainsi que tous les arbres fruitiers. C'est dans ce dernier groupe que se rangent toutes les herbes ou plantes annuelles, ou à tiges annuelles. La cause de la chute des feuilles est sans doute multiple ; la plus essentielle est l'encrassement de leurs tissus par la chaux qui s'y dépose en quantité d'autant plus grande qu'elles sont plus âgées ou plus mal abreuvées d'eau, et qui, finissant par en obstruer totalement les pores, les tue ; de là vient que tous les végétaux, même en été, comme sous les tropiques, changent leurs feuilles dès qu'elles ont fonctionné pendant un certain temps. Dans les climats tempérés et froids, l'approche de l'hiver fait tomber toutes les feuilles, même les plus jeunes et les plus fraîches, parce que le froid les tue ; la végétation prend alors ses habits de deuil, dont le feuillage sombre des arbres toujours verts fait encore ressortir la tristesse. Tous les végétaux qui perdent leurs feuilles en hiver ont une sève riche en gomme, tandis que ceux qui les conservent ont un suc résineux. Toute plante qui conserve ses feuilles pendant l'hiver est riche en résine, dont l'action est facile à saisir. Le sol ayant toujours une température plus élevée que celle de l'air, et cela au point que la gelée ne l'attaque jamais très-profondément, surtout quand il est couvert de neige, les racines des plantes plongent généralement dans un sol assez chaud pour leur fournir de l'eau, en sorte que toutes les plantes pourraient sous ce rapport-là végéter aussi bien en hiver que pendant l'été ; mais cette eau se gèlerait dans le tronc et les branches, qu'elle ferait sauter, en tuant ainsi la plante, comme cela arrive surtout aux noyers durant les hivers très-rigoureux, ce qui donne la preuve que le bois des arbres vivants n'est jamais tout à fait privé de sève, même pendant qu'ils n'ont plus de feuilles. Les choses se passent tout autrement dans les arbres à feuilles persistantes, parce que la sève y est entourée d'une couche de résine ou d'essence qui, ne conduisant pas du tout la chaleur, lui conserve toute sa fluidité primitive et permet à ces arbres de se développer sans cesse, même sous l'influence des froids les plus vifs ; il suffit pour cela que le soleil darde ses rayons sur leur noir feuillage. C'est à cette même couche isolante que les arbres à feuilles persistantes doivent de résister si bien aux sécheresses les plus continues, parce qu'elle empêche l'évaporation de l'eau d'une façon bien extraordinaire.

La couleur des feuilles favorise beaucoup aussi la végétation hivernale des arbres toujours verts, parce qu'elle absorbe la chaleur solaire d'autant plus fortement qu'elle est plus foncée ; voilà pourquoi les sapins se développent avec beaucoup plus d'énergie que les pins, dont les feuilles grisâtres renvoient beaucoup de la chaleur solaire ; cette action s'augmente du reste par la grande différence dans l'abondance des feuilles qu'il y a aussi entre ces deux arbres.

Pour bien comprendre l'action de la résine ou, ce qui revient au même, de l'essence contenue dans la sève des arbres toujours verts, une seule expérience suffit. On met dans un vase quelconque de l'eau qu'on expose au froid ; elle gèlera dès que la température de l'air descendra au-dessous de 0° ; elle ne gèlera point si, avant de l'exposer au froid, on a versé sur elle quelques gouttes d'essence de térébenthine. Mais ce n'est pas tout ; nous avons affaire ici à l'un de ces petits moyens que le Créateur, dans son ineffable sagesse, emploie pour produire d'immenses effets. Quand on expose de l'eau à l'air en été, elle s'évapore ; elle ne s'évapore point si on verse auparavant sur elle quelques gouttes d'essence de térébenthine. La même cause a donc pour *effet*, en été, d'empêcher l'évaporation de la sève ; en hiver, d'empêcher qu'elle gèle, et pour *but* de permettre aux arbres résineux de se développer toujours et partout ; de là vient aussi que leur immense famille enserre le globe entier dans une barrière de forêts sans bornes qui couvrent les rochers et descendent jusque dans les marais. Il y a cependant une grande différence dans la répartition de ces utiles arbres à la surface du globe ; fort répandus dans les pays froids, on voit leur nombre diminuer sans cesse à mesure qu'on s'approche des tropiques, où on ne trouve plus parmi leurs représentants que les gigantesques araucarias, aussi remarquables par leur noir feuillage et la majesté de leurs branches pendantes que par l'exquise saveur des amandes que leurs énormes cônes recèlent en abondance. Cette inégale répartition indique quelles sont les fonctions de ces végétaux : ils sont destinés à purifier sans cesse l'air, et cela dans toutes les saisons ; aussi ne faut-il pas être surpris de la salubrité des climats dans lesquels on cultive les arbres résineux, auxquels la

Suisse doit bien certainement en partie son air si pur et si sain. Tout homme prudent devrait entourer sa maison d'arbres toujours verts ; tout gouvernement sage devrait ordonner d'en étendre les forêts, qui sont la condition peut-être la plus essentielle de salubrité d'un pays.

Dans les pays chauds, les arbres résineux devenaient inutiles, puisque la végétation des arbres gommeux ne s'arrêtant jamais, l'air est suffisamment purifié par eux.

A l'appui de la théorie formulée pour expliquer les fonctions de l'essence de térébenthine vis-à-vis de la sève des arbres toujours verts, citons deux preuves. Il est clair que si l'essence de térébenthine possède l'action que nous lui avons attribuée, les arbres résisteront d'autant plus à la gelée et à la sécheresse qu'ils seront plus riches en essence de térébenthine ; or, celui des arbres résineux qui est le plus riche en essence est le pin, qui est celui qui s'avance seul jusqu'en Laponie, le seul qui croisse dans les sables arides du nord de l'Allemagne et sur les rochers les plus brûlés du midi de la France et de l'Italie. D'autre part, il n'y a que deux arbres résineux qui perdent leurs feuilles en hiver : ce sont le mélèze et le cyprès chauve ; mais ils sont aussi les plus pauvres en résine et les seuls qui croissent, surtout le dernier, volontiers dans l'eau, ce qui surcharge leur sève d'une quantité extraordinaire de ce liquide. Il n'y a plus moyen d'en douter : c'est à l'essence de térébenthine que les arbres toujours verts doivent leur végétation continue, et c'est à ces forêts que l'homme doit essentiellement la pureté de l'air en hiver.

Tous les arbres conserveraient leurs feuilles en hiver, si leur sève contenait une quantité d'essence de térébenthine ou autre capable d'en empêcher le refroidissement ; la preuve en est que si on réchauffe en hiver la tête d'un arbre, il se mettra en pleine végétation, quoique ses racines restent exposées au froid. On tire parti de la connaissance de ce fait pour avancer la maturité des raisins ; pour cela, au mois de février, on couche un cep de vigne planté au devant d'une serre, de manière à y faire entrer quelques-uns de ses sarments, qui s'y couvrent bientôt de feuilles, de fleurs et de fruits, tandis qu'aucun mouvement vital ne se manifeste dans les tiges qu'on a laissées exposées aux froids du dehors. Il est clair que l'expérience manque lorsqu'on fait l'inverse, c'est-à-dire que, mettant les troncs en serre, on laisse les sarments à l'air : ceux-ci gèlent dès qu'ils commencent à végéter.

Puisque les feuilles et les racines nourrissent les plantes, il est clair qu'on les fera périr en leur enlevant les unes ou les autres, et cependant les jardiniers ont l'habitude de tailler fortement la tête et les racines des arbres qu'ils plantent en automne et au printemps. Les racines des arbres sont très-semblables à leurs branches, et le chevelu ou les petites racines qui s'en dégagent correspondent à leurs feuilles ; ce sont elles, et non pas les grosses racines, qui pompent les sucs de la terre ; or, en automne, ce chevelu se détache des racines à peu près en même temps que les feuilles tombent des branches, et il ne repousse qu'au printemps.

Quand donc on arrache un arbre au commencement ou à la fin de l'hiver, il n'a plus de chevelu, et on brise le bout des racines autour duquel il se forme ; dès lors, l'arbre est placé dans des conditions anormales, puisqu'il ne recevra plus autant de nourriture dans le terrain où on va le planter que dans celui qu'il vient de quitter ; par conséquent, les aliments contenus sous son écorce ne suffisent plus pour développer les feuilles de tous les bourgeons et le chevelu de toutes les racines. Il faut donc tailler les branches pour diminuer le nombre des bourgeons, et rabattre les racines, afin qu'il se forme moins de chevelu. On ne doit cependant jamais couper les racines aussi court que les branches, parce qu'elles ne pourraient pas soutenir l'arbre et l'empêcher de se coucher sous l'action des vents.

On ne taille jamais les arbres toujours verts lorsqu'on les transplante, parce qu'ils n'ont qu'un seul bourgeon au bout de chaque branche, en sorte qu'on les arrête dans leur développement, et qu'on peut même les tuer si on l'enlève. Les conditions de végétation sont d'ailleurs tout autres pour ces arbres que pour ceux à feuilles caduques, puisque leurs feuilles les alimentent durant toute l'année, sans aucune interruption, en sorte que le retranchement de leurs branches serait plus nuisible qu'utile.

D'après ce qu'on vient de voir, il est facile de comprendre que lorsqu'on transplante des arbres en pleine végétation, il faut tout autant se garder d'en enlever le chevelu que les feuilles : l'un comme l'autre les tuerait ; l'essentiel alors est de les arroser avec soin, afin que leur végétation ne s'arrête point ; avec ces précautions, nous avons obtenu des fruits de poiriers et de pommiers transplantés lorsqu'ils étaient en pleine fleur.

L'effeuillaison des végétaux en arrête complètement le développement ; aussi les mûriers blancs, dont on donne les feuilles aux vers à soie, ne deviennent-ils jamais grands et forts, comme ceux auxquels on les laisse. Il suffit d'effeuiller complètement deux ou trois fois de suite l'arbre fruitier le plus vigoureux pour le faire périr ; aussi ne l'applique-t-on jamais qu'aux arbres trop vigoureux qu'on force ainsi à donner des fruits. C'est aussi le seul moyen de sauver les champs de choux dont les pucerons se sont emparés ; on attend que le temps se mette à la pluie, et quelques heures avant qu'elle tombe on enlève toutes les feuilles, puis on arrose chaque pied avec du lizier ; bientôt les plantes se développent avec vigueur et donnent une récolte abondante, qu'on aurait perdue en les abandonnant aux insectes qui en viciaient la sève. L'effeuillaison ne peut être pratiquée sans inconvénient sur des plantes bien portantes que lorsque les feuilles sont âgées et prêtes à jaunir ; elle est même utile alors, parce que les vieilles feuilles gênent le développement des nouvelles et leur enlèvent l'air et la lumière.

Quand un végétal a ses feuilles envahies par un parasite qui les tue, comme cela arrive depuis quelques années pour les pommes de terre et pour la vigne, il faut effeuiller ; la nouvelle poussée sera saine et donnera encore une récolte ; mais il est absurde de vouloir faucher les tiges des pommes de terre en même temps qu'on enlève les feuilles, parce qu'on épuise les tubercules. En laissant les tiges, elles donnent bientôt, ainsi que l'expérience l'a d'ailleurs bien appris, des feuilles très-saines.

Quand on veut mettre à fruit des arbres trop vigoureux, on emploie au lieu de l'effeuillaison, qui est coûteuse, l'incision des branches ou leur courbature. Cette dernière opération étant aussi pénible que peu sûre dans ses effets, arrêtons-nous à l'incision, qui a pour but de faire sortir de la plante une certaine quantité de sève. On incise les branches du côté du nord ou du levant avec un couteau acéré, dont on fait pénétrer la lame jusqu'au bois.

Les incisions doivent être faites à la montée de la sève, c'est-à-dire de mai en juin, et être d'autant plus nombreuses que l'arbre est plus vigoureux ; on ne doit jamais les pratiquer au midi ou à l'ouest, parce que le soleil les dessèche et les cicatrise trop vite, en sorte qu'elles manquent leur effet.

La composition chimique des feuilles est à peu de chose près la même pour la plupart des plantes ; elles sont formées de ligneux, d'albumine, de chlorophylle et de graisse, accompagnés de quantités variables de résine, d'huiles essentielles et de malates ou autres sels de chaux, soude ou potasse, ainsi que le démontre l'analyse suivante des feuilles :

	Sauge.	Thé.
Sucre et gomme	3,63	3,56
Fécule	2,90	6,60
Albumine	43	3,00
Ligneux	15,87	15,08
Essence	16	79
Chlorophylle		2,22
Cire		28
Résine		2,22
Acide tannique		15,80
Théine		43
Cendres	2,17	3,56
Eau	74,84	46,46
	100,00	100,00

Le suc des feuilles possède une réaction toujours acide,

qui est due à la présence de l'acide malique qu'on y rencontre en quantité considérable.

Les feuilles sont les organes qui exhalent l'eau absorbée par les racines, en sorte que la sève cesse de monter, ou du moins que son mouvement se ralentit beaucoup lorsqu'on les enlève en totalité ; aussi les arbres effeuillés souffrent-ils beaucoup moins de cette opération lorsqu'on laisse au haut des branches où se trouvent les feuilles les plus jeunes, et par conséquent aussi les plus actives, quelques-uns de ces organes. Suivant qu'elles sont plus ou moins charnues, les feuilles renferment 54 à 98 p. 100 de leur poids d'eau, et elles en exhalent en vingt-quatre heures, par un beau temps, 13 à 85 p. 100 de leur poids, suivant l'espèce et les conditions dans lesquelles elles sont placées ; en général, les jeunes feuilles expirent beaucoup plus d'eau que celles qui sont adultes. La quantité d'eau expirée par ces organes est en rapport avec la vigueur de la plante ; elle est énorme en général : ainsi, par exemple, un poirier nain pesant 35 kilogr. 750 gr. expire en douze heures 9 kilogr. d'eau, c'est-à-dire à peu de chose près le quart de son poids de ce liquide. Un tournesol pesant 5 kilogr. expire environ 1 kilogr. 250 gr. d'eau en douze heures, c'est-à-dire le quart de son poids ; mais cette quantité d'eau expirée ne représente pas toute celle que la plante a enlevée au sol, parce qu'il en redescend beaucoup vers les racines ; il est facile de s'en assurer par un simple calcul. Le tournesol, pesant 5 kilogr., qui expire 1 kilogr. 250 gr. d'eau en douze heures, est formé de 4 kilogr. d'eau et 1 kilogr. de matière sèche, contenant 50 gr. de cendres ; d'autre part, l'eau contient en général de 3 à 6 p. 1000 de son poids de minéraux en dissolution. L'eau absorbée par le tournesol renfermerait donc au moins 3 gr. de minéraux, au plus 6 gr., en sorte que l'eau expirée en douze heures seulement par un tournesol lui fournirait, en dix-huit ou même seulement neuf jours, autant et même plus de substances minérales qu'il ne s'en trouve dans la totalité des cendres de la plante. Il faut donc que la plus grande partie des minéraux entraînés par la sève ascendante retourne dans le sol avec la sève descendante. C'est ce qu'enseigne aussi l'observation directe, qui fait voir que les racines excrètent des sels minéraux, de même aussi que des substances organiques, tantôt nuisibles, tantôt utiles au développement des plantes qui se développent après elles. Jadis on s'étonnait de la présence des cendres dans les végétaux, et on allait jusqu'à croire qu'ils pouvaient créer des minéraux ; maintenant, grâce à l'expérience que nous venons de rapporter, on doit bien plutôt être surpris de trouver aussi peu de cendres dans les plantes. Si la quantité d'eau expirée par les plantes adultes est considérable, celles qu'elles laissent passer dans leur jeunesse doit être cependant encore beaucoup plus grande. Ainsi, par exemple, le plus insoluble de tous les principes du sol que les végétaux absorbent est l'acide silicique, qui est si peu soluble dans l'eau, qu'on l'envisage en général comme ne l'y étant pas du tout. Eh bien! cependant, quand on sème dans un vase de l'avoine ou de l'orge, on découvre chaque matin au haut de chaque jeune plante, longue de 3 à 4 centimètres, une gouttelette d'eau qui, en s'évaporant sous l'influence des rayons solaires, laisse une petite masse blanche qui est de l'acide silicique pur, et invisible aussi longtemps qu'il est baigné par l'eau ; il est évident ici que la jeune plante doit avoir sécrété plusieurs fois son poids de ce liquide, pour avoir pu entraîner une masse aussi considérable d'acide silicique. On remarque un fait analogue dans les équisétum ou prêles qui, croissant dans les argiles qui ne cèdent à l'eau que de l'acide silicique, ne renferment guère que ce principe, qui constitue 94 à 98 du poids total de leurs cendres. L'acide silicique qui incruste leurs tissus étant excessivement dur, il explique l'usage qu'on fait de ces plantes pour polir les bois.

Une autre preuve que les végétaux n'exhalent point la totalité de l'eau que les racines leur envoient peut être tirée de la nature de leurs feuilles, qui retiennent quelquefois, comme celles des choux et des laitues, jusqu'à 90 p. 100 de leur poids de ce liquide, qu'on y découvre quelquefois à l'œil nu, comme par exemple dans la mésembrianthème cristalline, dont les feuilles sont toutes couvertes de petites vésicules pleines d'eau, qui les font paraître au soleil comme incrustées de glace.

Il est évident que l'eau joue un rôle immense dans la formation de la sève et la décomposition de l'acide carbonique, puisque les plantes cessent d'absorber celui-ci dès que l'eau vient à leur manquer ; cela vient sans doute, d'abord de son rôle chimique, puisqu'elle s'empare du carbone qui se sépare de l'acide carbonique dès que son oxygène est mis en liberté ; puis de son rôle mécanique, puisqu'elle entraîne dans les différentes parties du végétal les principes qui se sont formés dans ses feuilles. C'est ce dont il est facile de s'assurer en examinant ce qui se passe dans un tronc de laitue coupé à quelques centimètres au-dessus du sol : la sève, qui sort en abondance de la moelle du tronc, est très-fluide, douce au goût, limpide et incolore comme de l'eau, tandis que celle qui suinte sous l'écorce de la partie coupée, tout autour de la moelle, est blanche, épaisse et douée d'un goût âcre et amer ; ce n'est plus de l'eau presque pure, comme la sève ascendante : c'est une dissolution chargée de principes variés.

L'eau est tellement indispensable aux métamorphoses des plantes, qu'on la rencontre dans leurs tissus en quantité énorme ; elle y est d'autant plus abondante que les parties sont plus vivantes. C'est donc dans les feuilles qu'on en trouve la plus grande proportion : elles en contiennent de 60 à 90 p. 100 de leur poids. Après les feuilles, ce sont les fruits, les tiges et les racines charnues qui en renferment le plus ; il y en a 80 à 85 p. 100 dans les pommes et les poires ; 70 à 80 p. 100 dans les pommes de terre et les betteraves, enfin 75 p. 100 dans les tiges de cannes à sucre ; les tiges sèches, comme la partie interne du tronc des arbres, n'en contiennent, par contre, souvent pas plus de 10 p. 100 de leur poids.

Il y a deux espèces de sève : celle qui monte des racines aux feuilles ou sève ascendante, et celle qui descend des feuilles vers les racines, ou sève descendante ; la première possède la même constitution pour tous les végétaux ; c'est une dissolution d'acides humique, carbonique et de minéraux dans l'eau ; quant à la sève descendante, elle varie avec chacun d'eux ; douce et sucrée dans les hêtres et les bouleaux, elle est composée de :

Gomme et sucre	5,76
Fécule et chlorophylle	0,63
Albumine	0,29
Résine	0,05
Eau	93,27
	100,00

La sève descendante varie avec chaque espèce végétale : fade et sucrée dans les arbres fruitiers, elle est âcre dans le figuier et le mûrier, acide dans l'oseille et la rhubarbe, amère et narcotique dans le pavot et la laitue, enfin gommeuse dans les mauves et le tilleul, résineuse et sucrée dans les pins, les genévriers et les mélèzes.

C'est la sève descendante qui imprime au végétal son catère individuel ; elle est le produit de l'action des feuilles sur la sève ascendante, ainsi que sur l'air atmosphérique ; ses principes sont multiples, quoiqu'on ne puisse cependant pas y trouver tous ceux que fournit la plante ; ainsi, par exemple, elle ne contient jamais la matière verte des feuilles, non plus que la cire qui en couvre la surface, et rarement les corps gras et la fécule qu'on rencontre dans les graines. Il est donc certain que les aliments fournis aux diverses parties des plantes par la sève descendante sont encore travaillés et métamorphosés par chacune d'elles ; ainsi, par exemple, quoiqu'on ne rencontre point d'essence dans la sève des orangers, on en trouve dans leurs feuilles, leurs fleurs et leurs fruits ; il en est de même pour la sauge et l'estragon.

On a fait déjà beaucoup d'hypothèses pour expliquer la montée de la sève dans les végétaux ; mais aucune d'elles n'explique ce mouvement. Généralement on admet que c'est l'endosmose qui provoque l'ascension de l'eau, depuis les racines vers les feuilles ; mais cela est faux, puisque la sève ne monte fortement que pendant le jour, quoique l'endosmose agisse sans cesse. L'endosmose est la force en vertu de laquelle les liquides purs sont attirés vers ceux qui sont chargés de substances en dissolution. Quand on plonge dans l'eau une vessie à moitié remplie d'eau sucrée et bien soigneusement fermée, on voit l'eau pénétrer rapidement dans son intérieur qu'elle remplit; or, comme le végétal est formé de cellules ou petites vessies garnies de sucre ou de gomme, on a cru que la sève s'y élevait par endosmose; mais il n'en est rien, puisque la sève ne monte pas de nuit. Bien plus, la montée de la sève est en rapport direct avec l'intensité des rayons solaires; voici comment on peut s'en assurer : lorsqu'on coupe le soir une plante de balsamine au niveau du sol et qu'on la couvre avec un vase renversé, on trouve la terre toute sèche autour du tronc le lendemain matin. Mais dès que le soleil monte à l'horizon, la sève commence à couler lorsqu'on découvre la plante, et son abondance est telle en plein midi, que le sol se mouille fortement autour du tronc. La sève cesse de monter lorsqu'on couvre le tronc; elle recommence à couler quand on le découvre. Bref, l'écoulement de la sève est en rapport direct avec l'intensité de la lumière, et non point avec l'état de siccité, non plus qu'avec la température de l'atmosphère, quoique certainement ces deux conditions l'influencent, surtout cette dernière, puisque la sève ne se met en mouvement dans nos climats que lorsque la température de l'air est au-dessus de 10° C.

Dans les pays chauds, le développement des arbres n'est jamais totalement interrompu; il est seulement moins rapide durant la saison des pluies qui correspond à l'hiver de nos climats. Dans les pays tempérés et froids, au contraire, la végétation des arbres à feuilles caduques est totalement interrompue durant l'hiver; elle se développe dans toute son énergie au printemps. Puis, quand les feuilles ont mûri, vers la fin de juillet, la sève prend un nouvel élan; elle produit de nouveaux bourgeons. C'est cette seconde montée de la sève qu'on appelle sève d'août, et qui est assez irrégulière, parce qu'elle dépend des pluies de cette saison, qui la favorisent si elles sont abondantes, et la suppriment tout à fait quand elles n'ont pas lieu. Le mouvement vital n'est donc point continu dans les arbres, comme dans les herbes ; il se manifeste au printemps en épuisant les provisions que l'arbre avait amoncelées sous son écorce durant l'automne précédent ; puis, quand les feuilles sont développées, elles les reforment. Dès que ces provisions d'été sont assez abondantes, elles servent à produire de nouveaux bourgeons, mais qui, étant beaucoup moins bien nourris que ceux du printemps, ne se développent qu'imparfaitement et ne donnent que bien rarement des fleurs, dont les fruits d'ailleurs n'ont jamais le temps de mûrir. La végétation des arbres est donc saccadée, parce qu'elle s'effectue aux dépens de certains principes contenus dans les racines ou dans le tronc, et qui doivent être remplacés avant que la végétation développe de nouveaux tissus. Il y a ici une analogie frappante entre la plante et l'animal, puisque tous les deux préparent dans leur sein, avec les germes d'une génération à venir aussi, les aliments qui leur sont nécessaires dans les premiers temps de leur existence.

Quant à la végétation des plantes annuelles, elle est continue et correspond à la sève du printemps des arbres, puisque le germe de chaque graine se développe comme le fait chacun de leurs bourgeons, mais aux dépens des aliments renfermés dans la graine qui enveloppe chacun d'eux, tandis que tous les bourgeons puisent ensemble leurs aliments dans les provisions rassemblées sous l'écorce des arbres. Dès que les graines sont formées, la plante dépérit, parce qu'elle a épuisé toutes ses forces pour les produire. Les arbres sont donc une agglomération de plantes annuelles à laquelle il reste encore assez de provisions, après que chacune d'elles a fructifié, pour recommencer à végéter. Cette analogie une fois admise, on va comprendre sans peine de quelle manière le tronc prend naissance.

Quand les plantes annuelles ont parcouru toutes les phases de leur végétation, leurs tiges sont sèches et ligneuses ; elles ont tous les caractères du bois. La même chose se passe dans les arbres. Dès que les bourgeons se développent au printemps, ils étendent sous l'écorce des filaments plus ou moins

longs qui s'enfoncent au-dessous d'elle dans le jeune bois
ou liber, et qui descendent plus ou moins loin vers les racines, en pompant sur leur trajet toute la sève avec laquelle
ils entrent en contact. De là vient que lorsqu'on lie avec un
fil de fer une branche ou le tronc d'un arbre, on détermine
la formation d'un bourrelet de bois au-dessus et non pas au-
dessous de l'anneau ; on prouve donc par cette expérience
que le bois se forme depuis les feuilles vers les racines. S'il
en était autrement, il est bien clair que le volume du tronc
serait plus considérable que celui des branches prises ensemble, ce qui n'arrive jamais.

Chaque série de bourgeons qui se développent et meurent
produit une couche de bois d'autant plus épaisse, que l'année
a été plus favorable à la végétation, que l'arbre était mieux
nourri et mieux exposé à l'action des rayons solaires. Lorsqu'on coupe horizontalement à 30 centimètres environ au-
dessus de terre le tronc d'un arbre, on découvre à son centre
un canal qui est la moelle, autour duquel se rangent beaucoup de cercles concentriques représentant la quantité de
bois produite par la végétation de chaque année. Chacun de
ces cercles est en général double, c'est-à-dire qu'il est
divisé en deux parties inégales par une petite cloison en dedans
de laquelle la couche de bois correspondant à la végétation
du printemps est beaucoup plus épaisse qu'en dehors, où elle
correspond à la végétation d'été ; cela va si loin que dans le
cas où l'été est très-sec, cette dernière couche de bois est
nulle, et l'anneau annuel tout à fait simple. Dans les arbres
fruitiers, on trouve que les couches de bois sont constamment
plus épaisses du côté du midi que de celui du nord, ce qui
vient de ce que les branches se développent, de même que
les feuilles, en beaucoup plus grand nombre du côté du midi,
ce qui prouve une fois de plus que ce sont bien les bourgeons
qui fabriquent le bois. Ce fait prouve aussi que si l'arbre est
bien formé par une agglomération de plantes dont les générations se succèdent, elles possèdent toutes leur individualité
jusqu'à un certain point, car si cela n'était pas, il est bien
clair que leurs fibres se confondraient totalement, de manière

à ce que la forme du tronc fût régulièrement cylindrique, tandis que chacune d'elles a sa direction spéciale.

Le nombre des couches de bois d'un tronc peut donc servir à en constater l'âge.

Le bois n'a point le même aspect, non plus que la même consistance, dans tout le tronc ; il est toujours plus coloré et plus dur au centre qu'à la circonférence. Ainsi, par exemple, le cœur du tronc est brun dans le chêne, vert dans l'acacia ordinaire ou robinier, rougeâtre dans le peuplier et l'if, tandis que son enveloppe est blanche dans eux tous. Le premier s'appelle bois, le second aubier. Le bois est mort dès qu'il est formé ; il devient inutile à la végétation et ne sert plus qu'à soutenir et élever l'arbre ; cela est si vrai que le bois peut être absolument pourri, sans que pour cela l'arbre meure ; c'est ce qu'on peut observer tous les jours sur les saules, qui se creusent totalement à l'intérieur à mesure que leur âge avance, de même aussi que sur les châtaigniers, les pommiers, les poiriers et tous les autres arbres en général.

Quant à l'aubier, il est bien vivant ; la sève le traverse, et c'est lui qui la transmet aux bourgeons ; il ne se change que lentement en bois, auquel il fournit chaque année une couche, à mesure que la sève en dépose une nouvelle à sa surface placée immédiatement sous l'écorce. L'aubier est le réservoir dans lequel l'arbre accumule les substances destinées à alimenter chaque génération de bourgeons ; aussi est-ce dans cette partie que les insectes se développent de préférence ; c'est ce qui engage les charpentiers à le détacher avec soin du bois. L'aubier contient une si forte proportion d'amidon, qu'on l'emploie comme aliment dans les temps de famine ; il suffit pour cela de le réduire en poudre et de le mêler soit à la farine, soit aux racines alimentaires. En automne, il est tellement chargé d'amidon, qu'il est lourd et compact comme le bois, tandis qu'en été il est poreux et souvent aussi léger que du liége. Lorsqu'au printemps, sous l'influence des premiers beaux jours, la sève monte et que les bourgeons se développent, ils enfoncent leurs racines sous l'écorce à la surface de l'aubier, auquel ils enlèvent l'amidon, en lui faisant subir une métamorphose que nous approfondirons en étudiant la germination des graines ; ils l'absorbent sous forme de sucre. Sous l'influence de cette métamorphose, la couche extérieure de l'aubier se détache et s'applique à l'écorce, qui s'augmente donc chaque année d'une couche, en sorte qu'elle s'accroît, mais de dedans en dehors, à l'inverse du bois ; aussi l'écorce la plus âgée est-elle toujours la plus extérieure. Comme la sève passe alors entre l'aubier et l'écorce, celle-ci se détache et devient très-facile à enlever ; c'est le moment qu'on choisit pour greffer, c'est-à-dire pour fixer un bourgeon d'un certain arbre sur un autre d'espèce analogue.

L'aubier, qui est donc la partie vivante de l'arbre, est emprisonné entre deux parties mortes : l'une interne, qui est le bois ; l'autre externe, qui est l'écorce. Le bois a la même composition que l'aubier, dont il ne diffère que parce qu'il est plus lourd, plus condensé, tandis que l'écorce a une tout autre structure : elle est formée de feuillets plus ou moins isolés les uns des autres, et entre lesquels on trouve une foule de substances minérales ou organiques que le végétal rejette, parce qu'elles lui sont dangereuses. C'est dans l'écorce que le végétal repousse toutes les matières nuisibles ou inutiles lorsqu'elles sont peu solubles, tandis qu'il rejette dans le sol celles qui sont solubles, par ses racines, qui s'allongent sans cesse afin d'échapper à leur action nuisible. La couche intérieure de l'écorce s'appelle liber et prend souvent un aspect particulier ; elle produit le liége dans le chêne qui porte ce nom, et une matière filamenteuse spéciale dans beaucoup d'arbres, tels que les tilleuls. La filasse du lin et du chanvre est le liber de ces plantes ; ce n'est pas autre chose que du ligneux tellement divisé, qu'il en devient élastique et souple.

Le tronc est donc le grenier d'abondance des arbres, et sa structure en couches concentriques a pour but d'arrêter les effets du froid. En effet, on sait à présent que le bois qui conduit bien la chaleur dans le sens de ses fibres ne la conduit pas dans le sens opposé, en sorte que la chaleur du sol passe sans peine des racines jusqu'aux branches, et l'inverse,

parce qu'elle ne peut pas sortir du tronc, garanti d'ailleurs
aussi par une couche d'écorce qui ne conduit pas non plus la
chaleur. Les arbres pourraient cependant fort bien se passer
de tronc ; mais il faudrait alors que le volume de leurs racines
devint assez considérable pour recevoir toutes les provisions
nécessaires au développement des bourgeons, comme cela
arrive aux betteraves, aux dahlias, aux carottes et à toutes
les plantes vivaces par leurs racines. Le tronc n'étant donc
pas une pièce essentielle à la vie végétale, nous le laisserons
de côté dans l'étude du développement de la graine.

Quand on expose une graine à l'action de la chaleur humide,
elle se gonfle ; son enveloppe éclate, et il en sort une feuille
qui se dirige vers le ciel, et une racine qui descend vers la
terre et qui s'y enfonce. A mesure que la feuille se développe,
elle en produit d'autres ; mais aussi, à mesure que cette création a lieu, la graine, toute gonflée de sucs, se vide et finit
par être réduite à son enveloppe. Avant de germer, la graine
était formée de la jeune plante qu'on y aperçoit en général à
l'état embryonnaire, comme un filament plus ou moins développé, puis des provisions qui lui sont nécessaires. Ces provisions sont de la fécule, ou de l'huile et de la viande enfer-
mées dans un réseau ligneux, seule partie de la graine que
la germination ne détruise pas. Lorsqu'on fait germer une
graine, sa fécule et son huile disparaissent, parce que la
jeune plante développe un suc particulier qui les change en
sucre qu'elle absorbe et brûle, tandis qu'elle retient la viande
de la graine, avec laquelle elle fabrique ses tissus. Ce qui
entretient la vie du germe des graines, c'est donc de la fécule
ou de la graisse, tandis que pour les bourgeons, c'est toujours de la fécule et jamais de la graisse, sans doute parce que
celle-ci se serait opposée au passage de la sève dans le tronc.
Cette différence dans leur alimentation n'affaiblit donc en
rien l'absolue identité qu'il y a entre le bourgeon de l'arbre
et le germe de la graine, puis entre le mode de développement de chacun d'eux.

Le bourgeon, pendant qu'il passe à l'état de feuille, bien
loin de former, comme cette dernière, des substances or-

ganiques, en absorbe qu'il brûle et rejette dans l'air sous forme d'acide carbonique et d'eau ; il opère donc une vraie combustion, tandis que la feuille fait l'inverse, c'est-à-dire réduit, enlève l'oxygène à l'acide carbonique et à l'eau. L'expérience enseigne que tandis que c'est sous l'influence de la lumière directe et incolore que les feuilles agissent avec le plus d'énergie, il arrive précisément l'inverse avec les graines, qui germent beaucoup plus vite à l'obscurité, ou mieux encore sous des verres bleus ou violets que sous des verres ordinaires, ce qui vient de ce que les rayons doués de ces deux couleurs favorisent beaucoup l'oxydation, tandis que les rayons incolores ont sur les feuilles une action diamétralement opposée à la leur. Avant de former des substances organiques, le germe du végétal détruit ses enveloppes. Il lui faut des aliments tout préparés, absolument comme à l'animal ; son état est en tout semblable à celui du jeune animal allaité par sa mère, et plus encore à celui du poulet qui se développe dans l'œuf aux dépens de l'huile existant dans le jaune, et n'éclôt que quand il en a épuisé toute la provision.

Après que le germe a produit des feuilles et donné naissance à une plante capable de tirer ses aliments de l'atmosphère, arrive un moment où les feuilles se modifient et produisent des fleurs qui donnent, à leur tour, naissance à des fruits. Les fleurs sont des organes complexes dont la partie essentielle échappe presque à nos yeux, tandis que celle qui attire nos regards, les feuilles ou pétales, dont les formes sont aussi variées que les teintes, n'est qu'accessoire, puisqu'elle manque dans beaucoup de plantes. Au centre de la fleur se trouve un groupe de petits organes portés sur des filets plus ou moins déliés, dont les uns, appelés étamines, sont chargés d'une poussière qu'ils projettent sur les autres, appelés pistils, qui la fixent à l'aide du fluide dont ils sont remplis, et la transmettent à l'enveloppe des graines dont ils sont une prolongation. Pour que les graines se développent, il faut qu'elles aient subi l'action fécondante de la poussière des étamines ; aussi est-il facile de stériliser les graines en coupant

toutes les étamines de la fleur. C'est à l'aide de la connaissance de ce fait qu'on obtient les divers croisements qui
parent les jardins fruitiers, potagers et fleuristes de tant de
nouvelles espèces ; il suffit, pour croiser deux plantes, d'enlever les étamines de l'une, et de porter sur son ou ses pistils
la poussière fécondante ou pollen des étamines de l'autre.

Les végétaux que produisent ces graines présentent des
caractères intermédiaires à ceux des plantes qui leur ont
donné naissance ; ainsi, par exemple, lorsqu'on sème des
courges dans le voisinage des melons, comme le vent ou
les abeilles portent la poussière fécondante des fleurs de
l'une de ces plantes sur les fleurs de l'autre, les melons s'abâtardissent de telle sorte que leurs graines donnent des
plantes dont les fruits peu sucrés ont tout à fait le goût des
courges. De même encore, il suffit de planter des haricots
nains dans le voisinage des espèces à verges, pour que leurs
graines donnent l'année suivante des espèces à longues
tiges. En général, c'est la plante la plus vigoureuse qui influence le plus fortement aussi les produits de ces croisements, ce dont on doit bien tenir compte dans le calcul des
produits que l'on veut obtenir. Il s'ensuit donc que ce pollen
qui, semblable à une poussière légère, vole dans les airs où
il échappe à nos regards, possède une individualité qu'il est
capable de transmettre, et qu'il est l'essence de la plante,
son principe vital. Cela est si vrai que dans les végétaux peu
développés, comme les mousses et les fougères, on ne trouve
plus de fleurs proprement dites, mais des espèces de sacs
remplis de pollen dont les granules reproduisent directement
le végétal qui leur a donné naissance. Le pollen est à toute
la plante ce que la feuille est à chacune de ses parties ; il en
est le point de départ. L'individualité du pollen est tellement
prononcée, qu'on ne peut pas féconder une plante avec le
pollen d'une espèce différente de la sienne ; il ne peut féconder que les pistils des genres analogues. Ainsi, par
exemple, le pollen du froment fécondera les pistils de l'orge,
comme celui du poirier fécondera les pistils du pommier ;
mais il n'y a pas moyen de faire fructifier un pommier en

portant sur ses pistils le pollen des fleurs du froment. La forme des grains de pollen rappelle tout à fait, lorsqu'on les regarde sous le microscope, celle des graines de la plante à laquelle ils appartiennent; au moins l'avons-nous trouvé ainsi pour la plupart des plantes cultivées, ce qui est une preuve de plus en faveur de leur individualité. Le pollen, répétons-le bien, est donc la véritable graine de la plante; il est l'organe chargé de sa reproduction.

Tous les pollens examinés jusqu'ici sont formés de fécule enveloppée d'une graisse et d'une résine que teignent différentes matières colorantes; on y trouve encore une petite quantité d'une substance analogue au fromage. Ils ont donc la composition des graines, outre leur forme : ce sont des graines en miniature. Le pollen est donc une substance éminemment nutritive; aussi est-il tout naturel de le voir butiner avec tant d'avidité par les abeilles qui s'en nourrissent et en font provision dans leurs ruches où elles l'entassent sous forme de masses jaunes, ou rouges, qu'on appelle *propolis*.

A mesure que les plantes se chargent d'organes, leurs fleurs se compliquent, et les organes de la génération, soit les étamines et les pistils, s'entourent d'une série de feuilles plus ou moins vivement coloriées, qui portent le nom de pétales. Autour et au-dessous des pétales, on remarque souvent encore un cercle de petites feuilles, vertes en général, qu'on appelle sépales, et qui quelquefois restent adhérentes au fruit, dont elles constituent ce qu'on appelle la mouche dans les poires, les pommes et les grenades. Les fleurs n'étant pas des organes absolument indispensables à la plante, elles semblent lui avoir été données plutôt pour multiplier les plaisirs de l'homme, qui seul sait en apprécier toute la beauté. La multiplicité des formes, des couleurs et la variété des parfums qu'exhalent les fleurs, surpassent toute idée et pénètrent d'admiration. Quel abîme entre la fleur du froment, réduite à quelques écailles brunes et inodores, et la rose parée de feuilles multiples, délicates et élégantes comme sa couleur, attrayantes comme son suave parfum ! Laissons les formes des fleurs pour nous attacher à leurs caractères chimiques, savoir : leur consistance, leur couleur et leur odeur.

La consistance des fleurs est sèche comme dans les froments, les immortelles, molle comme dans les roses et la plus grande partie des autres fleurs, ou bien charnue comme dans les cactus et les tulipes, les hyacinthes et les camellias. Les fleurs sèches sont les plus rares ; elles sont aussi les seules auxquelles le temps n'enlève pas plus la forme que la couleur, ce qui permet de les employer dans les habitations pour produir durant l'hiver la douce illusion d'un continuel été. Malheureusement, les fleurs sèches sont fort peu répandues ; ainsi, par exemple, dans nos climats, on ne trouve guère, outre les céréales, que la seule petite gnaphale à fleurs roses ou blanches, qui émaille si agréablement en été les clairières bien chaudes, au milieu des bruyères. La couleur des fleurs sèches varie beaucoup ; elle est en général blanche, jaune ou rouge ; aucune d'elles ne possède de parfum.

Quant aux fleurs à pétales mous, elles sont les plus riches en formes, en couleurs et en parfums. C'est dans cette catégorie que se rangent les roses, les auricules et les primevères, les violettes, les pensées, les pivoines, tous les arbres fruitiers, les renoncules, ainsi que les violiers. Leurs couleurs passent par toutes les teintes, depuis le blanc, au jaune, au rouge, au violet et au bleu. On y retrouve toutes les odeurs, celle de la rose, du jasmin, de la violette, de l'œillet, de la vanille dans l'héliotrope, de l'orange dans le lupin tricolore et le robinier, de la cannelle dans le géranium triste ; peu d'entre elles sont inodores ; ce sont en général celles de couleur blanche, rouge ou jaune. Toutes les fleurs durent en général peu, sauf celles que l'art a fait doubler.

Les fleurs doubles sont incapables de donner des fruits, parce que leurs pistils se sont changés, ainsi que leurs étamines, en stériles pétales ; en échange, leurs couleurs sont plus vives, et leur parfum est plus intense que celui des fleurs simples.

Les fleurs charnues ont une consistance molle comme celle

des fleurs des pavots ou des violettes, ou bien résistante comme celle des hyacinthes et surtout des camellias; les premières passent plus vite que les secondes, dont la durée est quelquefois extraordinaire. La plus grande partie de ces fleurs est peu odorante; c'est, par exemple, le cas des camellias, des tulipes et des cactus, tandis que le petit nombre répand une odeur suave, comme les lis, les hyacinthes et beaucoup de magnolias. C'est parmi les fleurs charnues molles qu'on rencontre celles dont la durée est la plus courte, tout spécialement parmi les cactus. L'un d'eux, connu sous le nom de cactus à grandes fleurs, porte aussi celui de reine de la nuit, à cause de la singulière particularité qu'il offre de n'ouvrir ses immenses fleurs que durant les ténèbres. Ces fleurs, aussi larges qu'une assiette ordinaire, sont en dedans d'un admirable blanc d'ivoire et toutes remplies d'étamines soyeuses, nacrées, qui entourent un pistil jaune. La fleur, qui a la forme d'une trompette, est doublée en dehors d'une couche épaisse de lanières jaunes, d'où s'exhale une suave odeur de vanille; elle s'ouvre entre dix et onze heures du soir, se referme vers cinq heures du matin, et tombe en putréfaction déjà vers sept ou huit heures. Quel dommage que cet admirable luxe de végétation soit le partage de la nuit, et que son peu de durée l'enlève si tôt aux yeux, qui aiment le beau! On ne peut s'expliquer cet acte d'avarice de la part de la nature qu'en se rendant compte de la nature du cactus qui produit ces magnifiques fleurs. En effet, ce cactus, qui croît sur des rochers, a ses tiges très-sèches et incapables, par conséquent, de fournir à leurs fleurs la quantité d'eau qui les empêcherait de se faner si elles s'épanouissaient au soleil, en sorte que si le cactus épanouissait ses fleurs de jour, le soleil les fanerait tout de suite, et alors la fécondation des graines deviendrait impossible.

Au reste, on trouve encore trois ou quatre plantes qui n'épanouissent les fleurs que durant la nuit; elles sont en général caractérisées par leur teinte jaune ou brune, qui leur a fait donner le nom de tristes, et par le peu de développement de toute la plante. Le géranium triste, par exemple, n'ouvre ses petites fleurs brunes qu'au moment où le soleil se couche, et il exhale alors une délicieuse odeur de girofle et de cannelle. Cette fois, il faut renoncer à expliquer cette bizarrerie de la nature autrement qu'en admettant qu'elle reconnaît, elle aussi, des exceptions à ses lois les plus générales, parmi lesquelles on trouve celle qui met en rapport direct l'épanouissement des fleurs avec l'apparition du soleil à l'horizon. Cela est si vrai que beaucoup de fleurs se ferment pendant la nuit ; c'est le cas des immortelles et des soucis ; d'autres encore se tournent du côté du soleil et le suivent dans sa course, comme les tournesols.

L'action trop vive du soleil diminue beaucoup le parfum des fleurs, tant parce qu'il les fane que parce que ces odeurs étant excessivement volatiles, il les répand dans l'air d'autant plus promptement que la température est plus élevée ; telle est la raison pour laquelle l'odeur des roses et surtout des violettes est beaucoup plus forte le matin et le soir qu'au milieu du jour, où elle conserve cependant toute son intensité quand le ciel est couvert. Il est possible aussi qu'en présence d'un excès d'oxygène, ces essences passent rapidement, en plein jour, à l'état de composés oxydés, ce qui est d'autant plus probable que toutes les essences isolables montrent pour l'oxygène une affinité telle, qu'il est presque impossible de les conserver pures au contact de l'air. Toutes les fleurs ne sont pas odorantes, il s'en faut de beaucoup ; mais la plupart d'entre elles contiennent du sucre, que quelques-unes donnent en quantité énorme. Les fleurs des cactus en laissent distiller jusqu'à 4 et 5 grammes pour les larges fleurs du magnifique *cereus speciosissimus* qu'on rencontre actuellement sur presque toutes les fenêtres. Il est probable que cette production de sucre a pour but d'attirer les insectes, qui, en le butinant, transportent la poussière fécondante des étamines sur le pistil et en assurent ainsi la fécondation ; ce qui nous porte à le croire, c'est que ces fleurs nouent rarement dans les serres où il n'y a pas d'insectes, tandis qu'en plein air elles donnent presque toutes des fruits excellents et très-gros. C'est dans les labiées, les papilionacées, et en général

dans toutes les fleurs dont le tube allongé soustrait les étamines à l'action des vents, qu'on trouve le plus constamment
l'eau miellée, destinée à en favoriser la fécondation à l'aide
des insectes qu'elle y appelle. Voilà encore un de ces petits
moyens employés par le Créateur pour produire de grands
effets. Ces insectes, que nous craignons tant et qui nous ravis-
sent souvent tout ou partie de nos récoltes, en font naître
d'autres. Les insectes butineurs par excellence sont les abeilles, dont la plus grande utilité pourrait donc bien ne pas venir
de leur produit en miel, mais surtout de leur incroyable activité qui, les chassant de fleur en fleur, à des distances de
plusieurs lieues, porte dans le sein de chacune de ces gra-
cieuses productions de la nature le germe de la fécondité, tout
en y puisant le miel dont elles remplissent leurs rayons dorés.

La couleur des fleurs varie autant que leur forme et leur
parfum, et on remarque en général que chaque famille végétale est caractérisée par une teinte prédominante : dans les
roses, c'est le blanc et le rouge ; chez les crucifères, c'est le
blanc et le jaune ; chez les campanules, le blanc et le bleu ;
chez les courges, le blanc et le jaune ; chez les pois, le blanc
et le bleu. Il est tellement rare de trouver dans la même
famille la couleur bleue réunie à la rouge ou à la jaune, que
quelques physiologistes avaient distribué toutes les fleurs
dans des séries contenant, l'une des fleurs bleues, et l'autre
celles qui sont jaunes ou rouges, sans remarquer l'étroite
liaison que la présence des fleurs blanches établit entre ces
deux séries. Il y a plus, cependant, puisque non seulement
on rencontre, dans la famille des lins, des fleurs bleues,
jaunes ou rouges, de même aussi que dans celle des gentia-
nées, mais qu'on trouve toutes ces teintes réunies dans le
lupin tricolore, dans les pensées et dans la belle-de-jour.
Comme ces fleurs ne sont que des feuilles modifiées, il est
probable que leur couleur est due à une transformation de la
matière verte des feuilles. On n'a pas pu l'isoler en quantité
suffisante pour l'étudier d'une façon complète ; on sait seulement qu'elle est extrêmement fugace. La couleur jaune fait
seule exception à cette règle générale, car elle est d'une sta-

bilité qui tient du prodige. Nous n'avons, par exemple, pas réussi à altérer la teinte des fleurs du pissenlit ordinaire, en les faisant bouillir durant plusieurs heures avec une solution assez concentrée de potasse caustique. Les acides font, en général, passer au rouge les fleurs violettes et bleues ; il n'y a d'exception que pour celles dont le suc est laiteux, comme celui des campanules, tandis que les alcalis teignent en vert ou en bleu les fleurs violettes et rouges. C'est sur cette réaction que se base la charmante conversion de la teinte lilas des thlaspis et des violiers en vert céladon, quand on fait arriver sur leurs fleurs la fumée alcaline d'un cigare.

Les enveloppes florales semblent n'avoir pas d'autre but que de concentrer les rayons solaires sur les organes de la fructification, afin de les échauffer autant que possible, ce qui est tellement nécessaire à la plupart des plantes cultivées, qu'elles ne viennent bien que sous l'action directe des rayons solaires ; aussi les temps couverts sont-ils les plus défavorables à la fructification. La pluie empêche presque toutes les fleurs de nouer, parce qu'elle délaie et entraîne le pollen ; c'est surtout pour les fleurs nues, comme celles des céréales et de la vigne, que son action est désastreuse, et compromet souvent toute la récolte.

La composition des fleurs est identique à celle des feuilles ; mais elles contiennent moins de ligneux, en sorte qu'elles sont aussi plus nutritives. Mais, existant en quantité relativement petite, elles ne sont jamais employées seules à l'alimentation des hommes et des bêtes, auxquels on ne les administre guère seules que comme médicament ; elles doivent presque toutes leur action thérapeutique à l'essence dont elles sont imprégnées.

Quand, la floraison ayant rempli son but, le germe placé à la base du pistil a été fécondé par la poussière des étamines, la fleur tombe ou se dessèche, et la graine commence à se développer. Gélatineuse d'abord, la jeune graine perd son eau en quantité d'autant plus grande qu'elle s'approche davantage de la maturité ; à sa gelée s'ajoute d'abord du blanc d'œuf et du sucre, qui passent bientôt à l'état de viande et de fécule ou d'huile. Dans les pois verts, par exemple, ainsi que dans les graines de colza, cette transformation est si complète qu'on ne rencontre plus que des traces insignifiantes de sucre dans les graines mêmes, tandis qu'il en reste des proportions appréciables au goût dans les châtaignes, les amandes et quelques autres encore.

Les châtaignes sont formées de :

Amidon	30
Albumine	3
Sucre	0,50
Graisse	1,50
Cellulose, gomme	15
Cendres	1,50
Eau	48,50
	100,00

Tant que les graines ne sont pas mûres, elles sont laiteuses ; c'est alors que nous consommons les pois verts, les fèves de marais et les épis de maïs, qu'on substitue quelquefois aux petits pois. Les graines qui, une fois mûres retiennent encore beaucoup d'eau, comme les glands, les marrons et les châtaignes, se détruisent rapidement, parce que le germe, qui commence à se développer dès qu'elles sont mûres, en absorbe toutes les provisions ; il faut donc les dessécher artificiellement dans des fours lorsqu'on veut les conserver, et alors elles perdent leur faculté germinative. Il y a beaucoup de plantes des pays chauds qui sont dans ce cas, tout spécialement le caféier et le cannellier. La plupart des graines perdent avec le temps leur force germinative, ce qui fait qu'elles lèvent en quantité d'autant plus grande qu'elles sont plus récentes. Il y en a pourtant chez lesquelles la vie semble n'avoir pas de bornes ; de ce nombre est surtout le froment, si indispensable à l'homme, et qu'on a vu germer après avoir été enfermé pendant trois mille ans dans les pyramides d'Égypte. Les graines qui perdent le plus vite leur force vitale sont celles des arbres, sans qu'on puisse assigner entre elles et celles dont la force germinative est plus grande une différence provenant de leur composition chimique, ainsi que le prouvent les tableaux I et II pour les plantes herbacées. Dans le tableau III, nous avons classé les graines d'après la durée de la faculté germinative, afin de prouver qu'il n'y a pas davantage moyen de saisir les rapports existant entre la durée de la puissance germinative et l'espèce botanique.

I. *Graines féculentes.*

Durée de la force germinative.

Féverolles	5 ans.
Sarrasin	3
Engrain	3
Pois	5
Sainfoin	5
Orge	3
Avoine	2
Millet	2
Trèfle rouge	3
Lentilles	2
Luzerne	4
Maïs	4
Seigle	4
Froment	4
Carottes	4
Betteraves	5
Vesces	6

II. *Graines huileuses.*

Chanvre	3
Pavot	3
Chou cabus	5
Courge	8
Lin	6
Raves	5
Colza	3
Tabac	9

III. *Plantes conservant leur force germinative.*

6 mois : érable, hêtre, chêne, aulne, frêne, tilleul et sapin.

1 an : mélèze, maïs et oseille.

2 ans : pommier, angélique, bouleau, millet, trèfle, lentille, pavot, panais, fève de marais et oignon.

3 ans : poirier, cyprès, cresson, persil, ricin, rave, céleri et asperge.

4 ans : céréales, fenouil, carotte, betterave, laitue, épinard et melon d'eau.

5 ans : choux, radis et féverolles.

6 ans : pomme de terre, melon et chicorée.

7 et 8 ans : concombre, lin et chicorée pommée.

On favorise beaucoup la conservation des graines en les desséchant à une température de 15 à 25° C, ce qui tendrait à faire croire que ce sont les graines les plus aqueuses qui perdent le plus vite la faculté de se reproduire, sans doute parce qu'elles subissent une espèce de fermentation qui mortifie le germe.

Ce tableau indique le temps durant lequel toutes les graines conservent la puissance germinative, et non pas celui jusqu'auquel quelques-unes d'entre elles seulement la gardent ; ainsi, par exemple, le blé de trois mille ans dont nous venons de parler n'a fourni que bien peu de plantes : tout le reste était gâté. Quand les graines sont très-vieilles, on peut quelquefois les faire germer encore en les mettant tremper pendant douze heures dans une eau légèrement acidulée par le chloride hydrique, qui en désagrège les tissus et permet à l'eau de les gonfler lorsqu'on les confie ensuite à la terre, en sorte que si les graines perdent avec le temps la faculté germinative, c'est peut-être moins parce que leur germe s'altère que parce que leurs pores se bouchent, de manière à empêcher que l'air et l'eau n'y pénètrent.

On divise toutes les graines en féculentes, comme le blé, la châtaigne et les pois, et en huileuses, comme le colza, les noix et le lin. Les premières se rencontrent essentiellement dans les pays tempérés, et les secondes dans les pays chauds. Il n'y a cependant pas entre elles de ligne de démarcation bien tranchée, puisqu'on trouve dans les grains d'orge 2 à 3 p. 100 de suif, et dans le maïs 9 p. 100 d'huile, de même aussi qu'on rencontre de la fécule dans toutes les graines huileuses, même dans celles qui contiennent, comme le pavot, plus de moitié de leur poids d'huile. Pour décider la question, on appellera oléagineuse toute graine qui, écrasée sur du papier, y laissera une tache grasse, et féculente celle qui, dans les mêmes circonstances, n'y laissera aucune trace.

Les graines se forment dans une enveloppe charnue d'abord, qui se dessèche ensuite peu à peu, comme dans les blés, les pois et les pavots, tandis que dans d'autres elle se développe en même temps que les graines et constitue alors des fruits plus ou moins savoureux, tels que les cerises, les raisins, les abricots et les pommes. L'enveloppe des graines, quoique charnue, n'est pas toujours comestible ; c'est ce qui arrive à celle des châtaignes et des noix.

Les fruits secs ont absolument la même composition que les feuilles ; les fruits charnus en diffèrent, parce qu'ils sont presque toujours fortement sucrés ; les graines, par contre, sont l'essence des feuilles, puisqu'elles en renferment toutes les parties constituantes, nutritives, exemptes d'eau.

De prime abord, il semble que les graines devraient être d'autant plus grosses que la plante à laquelle elles donnent naissance doit devenir plus grande, et on ne s'étonne pas en voyant l'énorme noix de coco produire les arbres les plus gigantesques, tandis que le grain de froment ne donne naissance qu'à une herbe peu élevée ; mais ce fait est l'exception, et, en thèse générale, on peut dire que les graines des herbes et des arbrisseaux sont plus grosses que celles des arbres. Les pois sont plus gros que les pepins de pommes ; le colza est aussi gros que la graine des pins et des sapins ; la noisette atteint presque à la moitié de la grosseur des noix, et la graine des graminées qui couvrent le sol de nos prairies est plus grosse que celle des aunes et des bouleaux, des peupliers et des saules. Cela était nécessaire, d'une part, pour que les graines des arbres pussent être disséminées au loin ; d'autre part, pour que les graines des herbes offrissent à l'homme une nourriture assez abondante. Que serions-nous devenus si les herbes n'eussent donné que des graines d'une excessive ténuité ? Nous aurions dû emprunter nos aliments à ces arbres dont la croissance est si lente et les produits si incertains ; nous nous serions trouvés sans cesse exposés à la famine, comme les insulaires de la mer du Sud, quand la récolte des noix de coco et des fruits d'arbre à pain leur manque, mais d'une manière bien plus cruelle encore, puisque nous n'aurions pas eu, comme eux, un ciel toujours chaud et des poissons en abondance. Cette même proportion n'existe plus pour les fruits charnus, qui contiennent une quantité d'eau tellement grande, qu'ils ne pourraient évidemment pas être nourris par des herbes. Les pommes, les poires, les prunes, les oranges croissent sur de grands arbres, les raisins et les groseilles sur des buissons. Les herbes ne donnent, pour ainsi dire, jamais de fruit charnu ; la fraise n'est point une exception à cette règle, car elle n'est pas un véritable fruit, mais seulement un renflement de la tige sur lequel sont fixées les graines. La figue présente la même organisation, à ceci près qu'au lieu de porter les graines à sa surface, elle les cache en se courbant sur elle-même. La véritable exception à cette règle est faite par les melons et les courges, qui fournissent les plus gros fruits connus : il n'est pas rare de voir des potirons de 50 à 60 kilogr. et des melons de 5 à 6 kilogr. Cette production énorme de matière organisée est vraiment incroyable quand on ne songe pas à la prodigieuse quantité d'eau et d'humus qu'absorbent ces plantes ; leurs fruits contiennent d'ailleurs 90 p. 100 d'eau qu'ils retiennent avec une grande force, à raison de l'épaisseur et de la consistance de leur peau épaisse comme du cuir. Les melons et les courges sont les moins acides de tous les fruits ; aussi entrent-ils facilement en fermentation et sont-ils fiévreux.

La grosse courge jaune contient :

Eau..	93
Viande....................................	1,50
Amidon et sucre...........................	2,50
Graisse...................................	0,75
Ligneux	1,25
Cendres	1
	100,00

Les baies à chair aqueuse, comme les raisins, les oranges, les citrons et les groseilles, sont généralement beaucoup plus acides que les fruits à chair dure, comme les pommes et les cerises ; du reste, il y a des cerises et des pommes aigres, ainsi que des oranges et des raisins doux.

Le développement des baies et des fruits charnus a été étudié avec soin ; on a trouvé que la différence la plus saillante existant entre un fruit vert et un autre fruit mûr, c'est qu'avant sa maturité il contenait plus de gomme et d'eau, et après plus de sucre et moins d'eau, comme on va le voir :

	Groseilles à maquereau.	
	Vertes.	Mûres.
Chlorophylle	0,03	
Sucre	0,52	6,24
Gomme	1,36	0,78
Albumine	1,07	0,86
Malate calcique	2,04	
Citrate —		3,01
Cellulose et pepins	8,50	8,02
Eau	86,48	81,09
	100,00	100,00

C'est une action toute semblable qui a lieu pendant la maturation des betteraves, car elles sont formées de :

	Au commencement de l'été.	A la fin de l'été.
Eau	89,20	75,20
Albumine	1,00	2,20
Cellulose	1,01	2,07
Sucre	4,00	15,00
Graisse et gomme	4,13	4,23
Cendres	0,66	1,30
	100,00	100,00

A n'en juger que par la différence de leur consistance, on pourrait croire que l'eau se trouve en beaucoup plus forte porportion dans les fruits après qu'avant leur maturité ; mais l'analyse prouvant qu'il n'en est absolument rien, il est probable que c'est à la rigidité de leur fibre ligneuse qu'il faut attribuer leur dureté. Les fruits ne mûrissent bien que lorsqu'ils sont directement frappés par les rayons du soleil ; dans le cas contraire, ils restent verdâtres, pâles et fades. Nous verrons plus tard que cela vient de ce que les couleurs et les essences sont des produits d'oxydation, qui ne se forment bien que par l'action des rayons solaires directs. Les jardiniers connaissent parfaitement bien cet effet, puisqu'ils ont soin d'exposer les plus beaux fruits au soleil en arrachant les feuilles qui les couvrent dès qu'ils approchent de la maturité. Cueillir les fruits avant qu'ils soient mûrs est un abus criant, duquel résulte qu'ils sont décolorés, insipides, fanés et beaucoup moins nutritifs que lorsqu'on les a laissés mûrir en plein. On n'attend cependant jamais ce degré pour les fruits de longue garde, qui sont exposés à se gâter en tombant à terre ; mais on le fait toujours pour les fruits qu'on ne conserve pas, comme les groseilles, ou dont le parfum ne se développe, comme pour les abricots et les pêches, qu'au moment où leur maturité est complète.

Les fruits se conservent d'autant plus longtemps que leur chair est plus sèche et leur peau plus épaisse. Les framboises et les mûres, dont la peau est excessivement mince, ne se gardent que peu d'heures ; c'est pour la même raison que les raisins rouges se conservent beaucoup moins longtemps que les blancs, et qu'on peut garder les pommes presque indéfiniment.

Comme les plantes sont immobiles, les sexes devaient être réunis dans la plupart de leurs espèces, comme dans les coquillages et autres animaux inférieurs qui sont attachés au sol ; c'est aussi ce qu'on remarque chez la plupart d'entre elles, à l'inverse de ce qui arrive aux animaux, dans lesquels les sexes sont presque toujours séparés. Les sexes existent pourtant bien nettement dans les plantes, où les mâles sont représentés par les étamines, et les femelles par les pistils ; la nature elle-même a pris soin de nous le prouver en créant des végétaux chez lesquels il y a, comme dans les chênes, les noisettiers et les courges, sur le même pied des fleurs stériles qui n'ont que des étamines, et des fleurs fertiles qui n'ont que des pistils. Il y a plus, car dans le chanvre, le houblon, l'épinard, le dattier, les sexes sont disposés sur des pieds différents, ce qui fait que pour en avoir des graines fertiles, il faut placer près les uns des autres ceux dont les sexes sont différents. L'hermaphroditisme général met donc, une fois de plus et nettement, le règne végétal en opposition avec le règne animal; les plantes réunissent donc toutes les conditions nécessaires à une multiplication aussi abondante que prompte et sûre.

Les graines et les fruits charnus sont la base de l'alimentation humaine, quoiqu'ils ne puissent pas suffire seuls dans les pays tempérés et froids, où ils ne sont plus asez riches en viande, ce qui oblige à leur adjoindre la chair des animaux.

CHAPITRE III

Composition chimique.

Après avoir étudié brièvement la constitution physiologique des plantes, passons en revue leurs éléments chimiques les plus importants, en commençant par les plus répandus, pour finir avec les plus rares. Ce qui caractérise tout le règne végétal, c'est la présence du ligneux ou bois pur formé de 12 équivalents de carbone ou charbon et de 10 d'eau, soit C^{12} $H^{10} O^{10}$; ce corps possède identiquement aussi la composition de la fécule, de l'inuline, de la bassorine, de l'arabine et du sucre de canne. Quand le ligneux est pur, on l'appelle cellulose, et il est la base de tous les tissus végétaux, dans lesquels il apparaît d'abord sous forme de gelée, qui s'organise peu à peu en produisant des espaces clos plus ou moins nettement limités, qui peu à peu durcissent en produisant le bois. Le coton, le lin et le chanvre sont de la cellulose presque pure, de même aussi que l'enveloppe ligneuse des noyaux des pêches et des noix, dans laquelle il est bien facile de poursuivre la formation du bois, à cause de la lenteur avec laquelle sa gelée s'organise, ce qui n'arrive pas dans les tiges du lin et du chanvre, dans lesquelles la transformation de la gelée en bois est presque instantanée. Dans le bois, la cellulose est toujours incrustée d'une foule de substances étrangères, telles que des sels minéraux, des résines et des essences. Le bois de sapin et de pin est riche en résine et en essence ; aussi se consume-t-il avec facilité, et exhale-t-il une agréable odeur aromatique quand il est frais. Nous ne possédons pas d'analyse exacte et complète des bois ; c'est une bien déplorable lacune de la chimie organique qu'il faudra remplir pour s'expliquer les propriétés si différentes qu'ils manifestent à l'usage, car les uns brûlent facilement, comme les bois blancs, tandis que les bois de couleur foncée se consument très-difficilement. Ces derniers résistent beaucoup plus facilement que les premiers à l'action des eaux, qui pourrissent bientôt les bois de tilleul et de sapin. Les bois durs et lourds, comme celui de chêne, donnent davantage de chaleur que ceux qui sont légers, comme le bois de sapin ; mais leurs charbons étant moins poreux, ils sont aussi moins facilement combustibles. Tous les bois ne se ressemblent pas ; ce qui le prouve une fois de plus, et d'une façon bien frappante, c'est l'action qu'exerce l'acide nitrique concentré sur leur râpure, car il détruit aussitôt celle des bois durs en produisant de l'acide oxalique, tandis qu'il s'unit à celle des bois tendres en donnant naissance à un composé analogue à la poudre coton. Il faut donc qu'il y ait dans les bois blancs beaucoup plus de cellulose que dans les bois durs, où elle s'encroûte fortement, sans doute, d'une autre matière que l'acide nitrique attaque et détruit très-facilement.

Lorsqu'on fait agir l'acide nitrique étendu d'eau sur la sciure de bois de sapin, elle s'oxyde en majeure partie en produisant de l'acide oxalique, tandis qu'il reste dans la cornue une masse de petits filaments soyeux et du plus beau blanc, qu'on reconnaît sans peine, au microscope, pour être de la cellulose pure. Quand on lave ce produit de manière à en séparer tout l'acide nitrique, il se gonfle beaucoup et s'y dissout même en totalité sous l'influence des alcalis ; les acides le précipitent de cette dissolution sous forme de gelée incolore et transparente comme du cristal, tellement analogue à l'acide pectique, que nous les croirons identiques aussi longtemps que le contraire n'aura pas été prouvé. Il s'en suivrait que dans de certaines conditions le bois peut se changer en acide pectique soluble et nourrir ainsi la plante aux dépens de son bois ; c'est aussi ce qui arrive toutes les fois qu'on place un arbre dans des conditions telles qu'il ne puisse plus suffire à son entretien ; alors il maigrit, c'est-à-dire que son aubier se dissout pour le nourrir ; l'écorce se trouvant bientôt séparée de l'aubier par un espace vide, il s'y introduit de l'air, et l'arbre périt. Un effet tout semblable se manifeste quand les arbres à noyau sont atteints par la maladie connue sous le nom de gomme : leur aubier se change alors en gomme, qui, s'écoulant au dehors, les épuise et les mortifie partiellement ou en totalité. Quelle que soit la cause de cette altération de l'aubier, elle ne s'étend jamais jusqu'au bois, ce qui nous fera dire que le ligneux ne peut se redissoudre qu'autant qu'il est récemment formé ; et ce qui nous fortifie dans cette opinion, c'est que, lors de la maturation des fruits, une portion du ligneux qu'ils contenaient à l'état vert en disparaît et est remplacée par une certaine proportion d'acide pectique, qui n'est donc pas autre chose que ce ligneux devenu gélatineux, d'où il s'ensuit que l'acide pectique doit être un isomère du ligneux et posséder la formule $C^{12}H^{10}O^{10}$, ce qui est aussi le cas. Reste à savoir si cet acide est nutritif ou non. Ce qui tendrait à faire croire que non, c'est que l'urine des lapins nourris avec des carottes, qui sont excessivement riches de ce principe, en est tellement chargée qu'elle se gélatinise par le refroidissement, en sorte que, dans ce cas-ci du moins, l'acide pectique n'est pas absorbé par le tube intestinal. Tous les autres animaux, ainsi que l'homme, le digèrent sans peine, en sorte qu'il est probable que ce qui se passe chez les lapins est une exception à la règle générale, et que l'acide pectique doit rester rangé parmi les substances alimentaires.

L'acide pectique ne mérite pas ce nom : ce n'est point un acide, mais une substance absolument neutre comme la fécule ; il ne diffère de la bassorine ou gomme adragante qu'absolument parce qu'il est soluble dans les alcalis et moins facilement attaquable par les acides. Il est placé entre le ligneux et la bassorine, comme la gomme arabique entre la bassorine et la dextrine, qui se change si facilement en sucre. L'acide pectique n'existe pas avant le bois ; mais il se forme à ses dépens. Il est donc un produit d'altération du ligneux correspondant à une métamorphose des parties constituantes du liber, des fruits ou des racines, dans le but de fournir des aliments à une nouvelle génération.

Le ligneux est insoluble dans presque tous les réactifs, absolument comme la chair des animaux, et c'est à ce caractère sans doute qu'on doit de le trouver dans chaque végétal, et à toutes les époques de sa vie. Le ligneux est caractéristique des plantes, et si on l'a trouvé chez quelques animaux inférieurs de la famille des tuniciers, il ne faut point en être surpris, puisque les animaux se forment aux dépens des végétaux. On doit au contraire bien plutôt s'étonner de voir avec quelle persistance l'estomac de la plupart des animaux rejette cette substance, quoiqu'elle possède la plus grande analogie avec la fécule. Il y a donc des animaux dont une partie du corps est formée de bois ; mais comme ces animaux se nourrissent de débris de végétaux, il est possible qu'ils se soient enveloppés d'acide pectique, comme tant d'insectes et de mollusques se font un abri artificiel à l'aide de fragments de bois, de grains de sable, de fragments de feuilles qu'ils unissent entre eux avec une gomme ou des fils soyeux.

Le ligneux est le type des corps neutres, formant la première section des parties constituantes des végétaux, dont la seconde comprendra les corps acides et la troisième les corps alcalins. Dans chaque section, on s'occupera d'abord des substances solides, puis des liquides, et enfin des gaz.

La *fécule* est presque aussi répandue dans les plantes que le ligneux, dont elle possède la composition ; mais on ne l'y retrouve pas à toutes les époques de leur vie : elle en disparaît en proportion plus ou moins considérable lorsqu'elles sont en germination. Quoiqu'elle soit insoluble dans l'eau, elle s'y dissout cependant dès qu'elle a été en contact avec les acides ou bien avec un principe particulier qu'on trouve dans toutes les graines et dans tous les bourgeons en train de se développer. C'est cette curieuse substance qu'on appelle diastase, et qui n'est sans doute pas autre chose qu'un peu d'albumine en décomposition. Au moins celle-ci agit-elle sur la fécule absolument de même que la diastase, en la changeant d'abord en gomme, puis en sucre. La fabrication de la bière se base sur cette métarmorphose. La diastase fait passer la fécule à l'état de dextrine, puis de sucre de raisin qu'on rencontre dans toutes les parties végétales en voie de se développer dans les bourgeons, les graines en germination, les fruits, mais, chose bien remarquable, jamais dans les parties qui doivent conserver longtemps leur état, c'est-à-dire dans les troncs, les racines et les graines mêmes. Il est donc probable qu'ils sont uniquement destinés à l'alimentation de la plante et qu'ils ne se forment qu'au moment où elle en a besoin. La fécule gorge donc les tissus susceptibles de donner naissance à de nouveaux organes, où on la rencontre agglomérée en masses souvent considérables formées de grains très-petits dont l'enveloppe résiste à l'action des dissolvants qui les vident. Or, en examinant une racine ou un bourgeon en voie de se développer, on remarque que leurs tissus semblent n'être formés que d'enveloppes de grains de fécule superposées, ou bien ajoutées bout à bout lorsqu'elles produisent des vaisseaux ; les grains de fécule pourraient donc être le point de départ de tous les tissus végétaux.

Malgré tout ce qu'on a écrit contre cette hypothèse, les grains de fécule possèdent une enveloppe. Il est bien facile de s'en convaincre en dissolvant la fécule dans une quantité d'eau suffisante pour qu'elle ne se prenne plus en empois par le refroidissement : au bout d'un certain temps, le liquide, trouble d'abord, s'éclaircit en laissant tomber au fond du vase une foule de petites outres qui sont les enveloppes des grains dont le contenu reste en dissolution sous forme de gomme, facile à obtenir par son évaporation. Cette gomme se gonfle lorsqu'on la met dans l'eau, absolument comme la gomme adragante, ce que ne fait jamais la fécule, dont l'enveloppe seule fait donc qu'elle ne peut pas être gonflée par l'eau. Quand on traite la fécule par l'eau bouillante ou bien aussi par les alcalis caustiques, ses enveloppes se rompent, et leur contenu absorbe l'eau en produisant un empois plus ou moins épais.

Une solution d'iode dans l'alcool ou dans l'eau colore en beau violet les grains de fécule que cette réaction distingue d'avec ses isomères, le bois, l'inuline et les gommes ; elle est très-précieuse dans beaucoup de cas, surtout pour les observations microscopiques. L'iode teint en jaune les substances protéiques, telles que l'albumine et la viande.

C'est la fécule qui forme la plus grande partie de l'approvisionnement des végétaux ; on la trouve dans le tronc de plusieurs palmiers, dans l'aubier de tous les arbres, dans toutes les tiges souterraines, et spécialement dans les pommes de terre, dans toutes les graines, mais en beaucoup moins grande proportion dans celles qui sont huileuses que dans les autres. On la rencontre aussi dans les lichens, les mousses et la plupart des racines bisannuelles. Dans les racines des herbes vivaces, la fécule est partiellement remplacée par *l'inuline*, dont la composition est aussi identique à celle de la fécule, dont elle ne diffère absolument que parce que, soluble dans l'eau bouillante, elle s'en précipite à mesure qu'elle se refroidit. On la rencontre dans les dahlias et les carottes, sans doute aussi dans la plupart des racines charnues vivaces, dont elle doit favoriser beaucoup le développement des bourgeons, à cause de la facilité avec laquelle elle se change en sucre, tout simplement par le contact prolongé de l'eau. Si on pouvait obtenir ce principe en grande quantité, il prendrait place sans doute parmi les aliments les plus faciles à digérer. Pour le préparer, on lave bien les racines de dahlias, qu'on râpe et dont on exprime le jus ; on les humecte d'eau et les exprime une seconde fois ; alors on fait bouillir la solution, qui s'éclaircit parce que son albumine se coagule ; on la jette sur une toile, et l'inuline se dépose, par le refroidissement du liquide filtré, à l'état de poudre d'un blanc éclatant.

L'extraction de la fécule est bien plus facile, puisqu'il suffit de laver les parties dans lesquelles elle se trouve pour entraîner la fécule, qui se dépose bientôt.

L'inuline paraît être en dissolution dans les végétaux, puisqu'elle s'écoule avec le jus exprimé des dahlias ; elle doit s'y trouver plutôt en suspension, comme la fibrine dans le sang, qui se coagule à mesure qu'il se refroidit.

Si le rôle de l'inuline est bien important, celui de la bassorine est immense, car cette substance est aux plantes ce que l'albumine est aux animaux : c'est leur point de départ, la matière qui les forme en totalité ; la gelée qui remplit les bourgeons, les jeunes feuilles, tous les organes en voie de formation, c'est de la bassorine. Dans le pois sucré, on la trouve associée au sucre et au blanc d'œuf ; à mesure qu'il s'approche davantage de la maturité, la bassorine disparaît de plus en plus, et la fécule la remplace. Dans les noix vertes, la coque ligneuse est une gelée transparente de bassorine qui s'organise lentement, se change en petits tubes ligneux, et constitue plus tard l'enveloppe si dure de la noix même. La bassorine semble n'être pas autre chose que la substance contenue dans les grains de fécule ; elle se gonfle dans l'eau ; puis, suivant les circonstances où elle est placée, elle s'organise et passe à l'état de bois, ou bien se change en gomme et en sucre, que les plantes absorbent ou accumulent dans leurs tissus. La bassorine est la seule gomme insoluble dans l'eau ; elle est insoluble dans les alcalis, ce qui la distingue de l'acide pectique, de même aussi que la facilité avec laquelle les acides forts la changent en gomme et en sucre. La gomme adragante, la partie de la gomme de cerisier qui ne se dissout pas dans l'eau, est de la bassorine pure. Ce principe est le plus répandu dans tout le règne végétal, depuis les plus grands arbres jusqu'aux humbles lichens, dont il constitue presque toute la masse. Dans les plantes grasses, telles que les sédums, le pourpier, les cactus, les ficoïdes, la bassorine existe en très-forte proportion, ce qui leur permet de retenir l'eau avec assez de force pour qu'elles puissent se développer sans peine sur les terrains arides où elles végètent en général. Comme la bassorine se rencontre partout où coule la sève, depuis les feuilles jusqu'aux racines, nous pensons qu'elle prend naissance dans les feuilles et descend ensuite dans la plante, dont elle forme peu à peu tous les organes. Cette réaction est facile à expliquer, puisqu'en mettant en présence 12 équivalents d'acide carbonique et 10 d'eau, on en forme un de bassorine, en même temps qu'il y a 24 équivalents d'oxygène éliminés, ainsi que le prouve l'équation : $C^{12} O^{24} + H^{10} O^{10} = C^{12} H^{10} O^{10} + O^{24}$.

Quand on fait bouillir la bassorine avec de l'acide nitrique, elle ne donne pas seulement de l'acide oxalique, comme tous les composés précédents, mais aussi un nouvel acide, l'acide mucique, $C^6 H^5 O^5$, que la nature ne produit jamais et qu'on n'obtient que dans le cas actuel, ou bien aussi lorsqu'on traite de la même manière les gommes solubles dans l'eau, dont le type est l'*arabine* ou gomme arabique, dont la formule est encore semblable à celle du ligneux : $C^{12} H^{10} O^{10}$. Cette gomme se rencontre avec deux caractères dans les végétaux, suivant qu'elle est employée à l'alimentation ou bien que, produite par une maladie, elle est rejetée au dehors. Dans tous les cas, elle ne s'accumule jamais dans l'intérieur des végétaux, desquels elle disparaît peu de temps après sa formation ; elle accompagne presque toujours la bassorine, comme on le voit dans la gomme de cerisier, dont elle semble provenir ; au moins obtient-on, en faisant bouillir la bassorine avec des acides étendus d'eau, ou bien en la chauffant avec de la diastase, d'abord de l'arabine, puis du sucre de raisins. En tenant compte de son mode de formation, il est probable qu'on pourrait guérir les arbres atteints de la gomme en en lavant les plaies avec de l'eau de cendre, qui, en saturant l'acide qui transforme la bassorine en arabine, en arrêterait aussitôt la formation. Il y a des familles végétales qui livrent beaucoup plus facilement l'arabine que d'autres : c'est le cas des acacias, des cerisiers, abricotiers, pruniers et autres semblables ; la gomme qui s'écoule des arbres malades est ordinairement assez acide, tandis que celle qui est employée à leur nutrition l'est beaucoup moins.

On appelle sucre toute substance organique soluble dans l'eau, douée d'une saveur sucrée, et dont la solution aqueuse mise en contact avec du ferment se détruit en produisant de l'acide carbonique et de l'alcool, comme on le voit dans la fermentation du moût de vin ou de bière, dans lesquels se développe l'alcool à mesure que leur saveur douce diminue.

Le *sucre de cannes* est encore doué de la même formule : $C^{12} H^{10} O^{10}$, que le ligneux ; il se trouve dans tous les liquides nutritifs, dans tous les organes en voie de formation. C'est lui qu'on rencontre dans la sève de tous les arbres, surtout dans celle des érables, des bouleaux et de la canne à sucre ; dans celle des racines de betteraves et de carottes ; dans le jus des melons et des courges ; nous l'avons trouvé dans les petits pois verts, dans les graines de maïs vertes, ainsi que dans la sève sucrée qui s'écoule des grandes et magnifiques fleurs de certaines espèces de cactus. C'est au sucre de cannes que l'herbe doit sa saveur douce et agréable ; c'est encore lui qu'on trouve dans les noisettes et les châtaignes. A mesure que les organes dans lesquels existe le sucre de cannes se développent, il en disparaît peu à peu et fait place à des matières insolubles, soit parce qu'elles se forment à ses dépens, soit parce qu'il repasse dans la sève pour aller former d'autres organes, ce qui est fort possible, à cause de sa grande inaltérabilité. Il est plus probable que le sucre se change, en présence des ferments qui l'accompagnent toujours dans la sève, en acides ou en essences, résines ou graisses dont nous décrirons la formation quand nous serons amenés à faire l'histoire de chacun de ces corps ; la transformation qu'il subit alors est en tout semblable à celle dont nous venons de parler, en disant qu'il peut se changer en alcool et en acide carbonique.

Dans les organes en voie d'altération, on rencontre, au lieu du sucre de cannes, celui de raisin, qui n'en diffère que parce qu'il contient deux équivalents d'eau de plus, en sorte que sa formule est $C^{12} H^{12} O^{12}$. C'est lui qui prend naissance quand on met tous les corps précédents en présence des acides ou des ferments ; on le rencontre dans les graines en germination, dans la sève extravasée qui constitue les miellées et le produit appelé manne, et qu'on recueille sur les feuilles et le tronc des frênes et des mélèzes. Cette espèce de sucre se trouve dans tous les fruits acides, depuis les fraises et les raisins jusqu'aux poires et aux pommes, auxquels il communique la propriété de fermenter très-facilement, ce que ne fait pas le sucre de cannes, qui, pour pouvoir fermenter, doit se changer d'abord en sucre de raisin.

On admet encore une troisième espèce de sucre, qu'on appelle *incristallisable*, par opposition aux deux premiers, qui sont doués de la propriété de cristalliser fort bien. Il doit ce caractère à des matières étrangères dont il est très-difficile de le séparer, bien que la nature opère sans peine ce qui nous est impossible ; ainsi, on admet la présence du sucre incristallisable dans le miel des abeilles. Il y a deux espèces de miel d'abeilles : celui de printemps, qui est incolore, et celui d'été, qui est brun clair. Le premier est fait avec le sirop des fleurs, le second avec la miellée des feuilles. Eh bien ! quand on expose à la gelée le miel de printemps, il se change en totalité en sucre de raisin tout à fait blanc et admirablement bien cristallisé, tandis que dans les mêmes conditions le miel d'été ne subit aucune altération, parce que, contenant une petite quantité d'essence de térébenthine qui provient des bourgeons des pins et des sapins, il ne gèle pas. Ces deux miels sont cependant identiques, et il suffit donc de quelques traces imperceptibles d'essence de térébenthine pour en changer toutes les propriétés. Le sucre incristallisable n'existe donc pas : c'est un sucre impur. Il n'en est point ainsi du *sucre de lait*, qui a la même formule $C^{12} H^{12} O^{12}$ que le sucre de raisin, et qu'on trouve seulement dans le lait des animaux herbivores, où il paraît se former aux dépens du sucre des aliments ; celui-ci est doué de caractères si remarquables, qu'ils en feraient une espèce à part si les acides ne le changeaient pas, de même aussi que la fermentation en sucre de raisin ordinaire. Bouilli avec de l'acide nitrique, il fournit les acides oxalique et mucique, comme les gommes, ce qui tendrait à en faire une combinaison de gomme arabique et de sucre de raisin ou de canne.

Quand une solution concentrée de sucre quelconque est abandonnée à elle-même dans un endroit chaud, elle s'altère, et bientôt il s'y forme de belles aiguilles satinées de mannite $C^6 H^7 O^6$ qu'on retrouve dans les miellées ou suc extravasé des feuilles de la plupart des plantes. La majeure partie de la manne du commerce est formée de mannite ; elle diffère des sucres en ce qu'elle ne fermente pas. Du reste, son histoire est loin d'être complète ; ce pourrait être une combinaison dont on n'a point encore réussi à séparer les éléments. D'après sa formule, la mannite serait un oxyde de la glycérine $C^6 H^7 O^5$ ou sirop de sucre des corps gras, dans lesquels elle joue le rôle de base. Ces deux corps se ressemblent par leur saveur sucrée, leur inaltérabilité et leur grande diffusion dans la plupart des plantes, dans les feuilles desquelles ils semblent se former en même temps que les sucres, la viande et les graisses.

A côté de la bassorine, qui semble être le premier corps produit dans les feuilles, et qui se change bientôt en bois ou bien en fécule, en gomme arabique ou arabine et en sucre de canne ou de raisin, vient se ranger une nouvelle substance qui l'accompagne toujours : c'est l'albumine ou blanc d'œuf, $C^{40} H^{31} N^5 O^{12}$, qui est toujours souillée par des quantités variables de soude, de sulfate et de phosphate calcique. Cette même formule est aussi celle de la fibrine ou viande et de la caséine, matière nutritive du lait qui s'en sépare lorsqu'il se caille, en produisant alors le fromage ; c'est ce qui lui a valu le nom de protéine, parce qu'elle engendre tous les tissus animaux, comme la bassorine est le point de départ de tous les tissus végétaux. Il y a donc deux protéines : l'une végétale, qui est la bassorine ; l'autre animale, qui est l'albumine ou blanc d'œuf. L'albumine est aussi répandue que le sucre dans toutes les parties des plantes ; il suffit d'en exprimer le suc et de le chauffer pour qu'il s'en sépare d'abondants flocons d'albumine coagulée. Abondante dans les organes en voie de formation, tels que les bourgeons et les jeunes graines, elle diminue avec l'âge et passe alors à l'état de viande qu'on trouve associée en quantités variables à la fécule et au bois. Quand on cueille de jeunes pois verts et qu'on en exprime le jus, on y trouve de l'albumine et du sucre de canne, qui font place bientôt après à la viande et à la fécule, lesquelles rendent les pois mûrs si nourrissants.

Il y a beaucoup d'albumine dans les feuilles, où elle est associée à la bassorine, ce qui donne à penser que leur formation a été simultanée et que l'albumine peut s'être formée aux dépens de la bassorine et de l'ammoniaque de la sève, comme l'explique cette équation : $^4C^{12}H^{10}O^{10} + {}^5NH^3 = C^{30}H^{34}N^5O^{12} + {}^2C^5H^2O^4 + {}^{20}HO$, ce qui revient à dire que par l'union des quatre équivalents de bassorine et de cinq d'ammoniaque, on peut produire un équivalent d'albumine, deux d'acide malique et vingt d'eau. S'il n'est pas possible de prouver directement que l'albumine se forme sous l'influence de la réaction qu'indique cette formule, nous soutenons que cela est probable, puisqu'elle rend compte de la formation simultanée de l'acide malique qui l'accompagne toujours dans le suc des feuilles et qui la tient en dissolution.

Comme il est difficile d'isoler la fibrine d'avec l'albumine et la caséine, on a appliqué à ces trois substances le nom de protéiques, en sorte que quand, dans une analyse, nous indiquerons le poids des matières protéiques, il est sous-entendu que c'est une, deux ou toutes les trois des substances précédentes. Nous ferons la même chose pour les dérivés de la bassorine, en sorte que nous appliquerons le nom de corps bassoriques à la fécule, à la gomme, à la cellulose et au sucre, bien qu'en général on indique séparément le poids de ces deux derniers corps, à cause de la facilité avec laquelle on les isole.

Dans les animaux, la fibrine correspond à la cellulose chez les végétaux, l'albumine à la bassorine, et la caséine à l'arabine. Comme nous avons vu que le bois peut se changer en bassorine, en arabine et en sucre, nous verrons aussi que la fibrine se métamorphose en albumine et en caséine, de même que l'albumine et la caséine peuvent donner naissance à la fibrine, absolument comme dans le cas où la bassorine se change en bois.

L'albumine ou blanc d'œuf est la matière qui forme le corps de tous les animaux; elle leur est fournie par les plantes dont toutes les parties nutritives en sont plus ou moins chargées, en sorte qu'aucun animal ne peut former son corps s'il ne reçoit pas des parties végétales riches en albumine, comme les feuilles, les racines et surtout les graines des plantes. C'est dans ces dernières qu'il y en a le plus sous forme de viande, ainsi qu'il est facile de le prouver en analysant la graine du froment. Pour cela, on en pétrit la farine avec assez peu d'eau pour faire une pâte très-solide qu'on enferme dans un nouet de linge fin, qu'on malaxe entre les doigts sous un petit filet d'eau, jusqu'à ce qu'elle cesse d'être colorée en blanc par l'amidon ou fécule qu'elle entraîne; ce qui reste dans le nouet est une masse filandreuse, grise, élastique, douée d'une odeur particulière, qui se laisse cuire comme la viande et qui prend en fermentant l'odeur et l'aspect du fromage; en un mot, c'est de la viande privée du sang et sans aucune trace d'organisation, ce qui n'arrive jamais à la viande animale, qui est toujours disposée en filaments bien distincts et facilement reconnaissables au microscope. Ce n'est donc pas dans les graines mêmes que nous irons chercher l'albumine, mais dans les organes en voie de formation, où nous en trouverons toujours, bien qu'en petite quantité.

L'albumine est peu soluble dans l'eau pure, davantage dans celle qui est salée, et très-soluble dans les alcalis, ainsi que dans les acides végétaux faibles; celle d'œuf de poule se coagule à 63° C quand elle est concentrée, et seulement vers 75° C quand on l'a étendue d'eau. Elle est coagulée par les acides minéraux, mais ne l'est pas par les acides organiques, ce qui la distingue de la caséine ou fromage qui est coagulée d'abord par l'acide acétique, mais qui s'y redissout quand on l'emploie en excès. Lorsqu'on chauffe la solution d'une substance protéique dans l'eau avec un peu de nitrate mercureux, elle se colore en beau rouge ; quand par contre on dissout une substance protéique dans du chloride hydrique concentré et qu'on chauffe, on obtient une liqueur bleue. Après avoir été coagulée, l'albumine se dissout encore dans l'acide acétique en excès, de même aussi que dans les alcalis : ces caractères appartiennent à tous les composés protéiques et nous servent à les séparer d'avec les composés bassoriques.

L'albumine se trouve à l'état soluble dans tous les liquides nutritifs, ainsi que dans tous les organes en voie de formation ; dans le sang, dans la lymphe, ainsi que et surtout dans les œufs, où sa consistance et ses caractères varient beaucoup, puisque le blanc de l'œuf de poule se coagule à une température plus élevée que celui de canard, tandis que celui des œufs de tortue ne se coagule pas et conserve toute sa viscosité, même après une ébullition très-prolongée. Il est probable que c'est une simple modification de l'albumine qui constitue la caséine du lait, et que c'est en passant lentement à l'état insoluble qu'elle produit la fibrine du sang, puis celle de la chair. Ce qui est positif, c'est que l'albumine se change directement en chair ; le développement du poulet le prouve, car à mesure que ses chairs se forment, le blanc d'œuf diminue et finit par disparaître totalement. La caséine du lait sert aussi directement à former la chair des petits des mammifères, puisque leur poids augmente en proportion de la masse de lait qu'ils absorbent. Du reste, la caséine n'est que de l'albumine tenue en suspension avec un corps gras dans un liquide neutre, légèrement acide ou très-faiblement alcalin ; aussi les vaches donnent-elles, au lieu de lait, une solution de blanc d'œuf quand leur nourriture est alcaline et que leur lait prend cette réaction, ce qui n'est pas très-rare. Le premier lait que donnent les vaches après le part ne contient que de l'albumine ; aussi se prend-il en masse lorsqu'on le chauffe. Le jaune d'œuf n'est pas autre chose que du lait très-concentré ; aussi donne-t-il du véritable lait lorsqu'on le délaie avec de l'eau, et sert-il à nourrir le jeune oiseau dont le corps se forme uniquement aux dépens du blanc qui est alcalin, car c'est une règle sans exception que les liquides qui contribuent à former directement le corps de tous les animaux complets sont alcalins. L'œuf des ovipares correspond donc aux petits et au lait des vivipares, absolument comme la graine des plantes correspond au bourgeon et à la sève des arbres ; ce sont quatre manifestations différentes de la même loi qui devait s'appliquer à quatre manifestations différentes de la vie.

La caséine n'est donc que de l'albumine très-divisée dans un liquide généralement neutre ; la fibrine est de l'albumine qui a passé à l'état insoluble ; elle affecte la forme de disques superposés et constitue, en s'encroûtant plus ou moins, la plupart des tissus organiques, depuis la peau et la chair jusqu'aux artères et aux tendons. La réaction de la chair est acide, parce que le fluide qui la baigne contient de l'acide lactique qui pourrait bien contribuer tant à sa conservation, parce qu'il est un puissant antiseptique, qu'à sa formation, en coagulant l'albumine ou la fibrine du sang au moment où elles sortent des vaisseaux capillaires qui les déversent dans toutes les parties du corps. Si les choses se passent réellement de cette manière, il s'ensuivrait que le sérum du sang, soit la partie liquide dans laquelle nagent les globules rouges, en serait la portion nutritive, tandis que les globules n'auraient pas d'autres fonctions que d'absorber l'oxygène dans les poumons à l'aide du fer dont ils contiennent 10 p. 100 de leur poids à l'état sec, et de le transmettre à toutes les substances inutiles qu'ils brûleraient ainsi dans le sang même, d'où elles sortiraient ensuite par les reins sous forme d'acide urique ou d'urée, par les poumons et la peau à l'état d'acide carbonique, de nitrogène et de vapeur d'eau.

L'albumine est beaucoup plus rare dans les graines que la caséine, par la bonne raison que ces organes sont neutres ; la fibrine, par contre, s'y trouve en forte proportion, surtout dans les pois et les blés durs. C'est dans les feuilles qu'on rencontre habituellement l'albumine, quand elles sont charnues comme celle des laitues et des choux ; ce corps s'y rencontre alors en dissolution dans les sels ou les acides faibles.

Les graisses existent en très-forte proportion dans tous les végétaux, quoiqu'on les rencontre surtout dans certaines familles végétales et en beaucoup plus forte proportion dans les pays chauds que dans ceux qui sont tempérés, et à plus forte raison froids. Dans le nord, aucune plante ne fournit assez de graisse pour qu'on puisse l'utiliser ; dans les régions tempérées, le colza, le pavot, le chanvre et le lin nous la fournissent parcimonieusement et avec une grande irrégularité, tandis que dans les pays chauds, presque tous les palmiers, le ricin, l'olivier, les crotons, l'arachide, le cotonnier, le sésame et une quantité d'autres plantes en donnent en abondance, en sorte que, relativement à leurs produits utiles à l'agriculture, nous pourrions partager le globe en trois zones : celle des graisses ou chaude, celle des fécules ou tempérée, et celle des bois, qui est aussi celle des pâturages ou région froide.

Les graisses sont solides ou liquides ; presque toujours elles contiennent ces deux principes mélangés en quantités variables ; ainsi, par exemple, en soumettant le suif à une pression très-violente, on en extrait de l'huile, tandis qu'en faisant geler l'huile d'olives et la soumettant à la presse, on en retire un suif très-solide et du plus beau blanc. A part l'huile de noix de coco, qui est toujours un peu acide, toutes les autres sont neutres et formées par l'union des acides gras avec la glycérine C^6 H^7 O^5, espèce de sucre incristallisable qui a les plus grands rapports avec la mannite et pourrait bien en être un isomère. La combinaison des acides gras avec la glycérine en change toutes les propriétés ; elle les rend plus fusibles, d'une altération plus facile et beaucoup moins solubles dans l'alcool. Les graisses pures ont le toucher gras ; elles font sur le papier une tache persistante et sont insolubles dans l'eau ; chauffées avec les alcalis caustiques, elles s'y dissolvent en produisant des savons qui sont solubles dans l'eau pure et insolubles dans l'eau salée, ce qui les distingue des savons de résine, qui sont aussi solubles dans l'eau salée que dans celle qui est pure.

Au contact de l'air, les corps gras se comportent bien

différemment les uns des autres. Les corps gras proprement dits deviennent aigres et puants; ils rancissent. C'est ce qui arrive au suif, aux huiles de colza et d'olives, tandis que les corps gras siccatifs, tels que les huiles de poisson, d'œuf, de lin, de pavot et de noix se résinifient, ce qui les fait employer dans la confection des vernis. Dans les deux cas, l'huile absorbe en s'altérant une très-grande quantité d'oxygène. Comme le rancissement des corps gras s'effectue lentement, il est difficile d'en saisir la cause; mais il n'en est pas de même de la résinification des huiles siccatives, parce qu'elle marche rapidement, comme il est facile de s'en assurer avec l'huile d'œuf. Pour cela on fait cuire un œuf jusqu'à ce qu'il soit bien dur, et on en enlève avec précaution le jaune, qui, exposé au contact de l'air, en absorbe assez rapidement l'oxygène pour perdre bientôt sa mollesse et prendre l'aspect d'une masse translucide d'ambre jaune d'une grande dureté; il y a ici une transformation de l'acide oléique en une résine solide.

L'acide solide le plus répandu dans les huiles végétales est l'acide margarique, $C^{36} H^{36} O^4$, qu'on extrait facilement de l'huile d'olives figée, et de beaucoup de graisses animales; il fond à 60°, tandis que l'acide stéarique, $C^{36} C^{36} O^{31/2}$, qui lui ressemble beaucoup, ne fond qu'à 70° C et cristallise beaucoup moins bien. Quand ces acides s'unissent à la glycérine, c'est dans la proportion de trois équivalents avec un seul de cette base, et il s'en sépare alors cinq équivalents d'eau, dont trois viennent de l'acide, et les deux autres de la glycérine. On obtient l'acide margarique par la simple distillation de l'acide stéarique, ou bien en l'oxydant par l'acide nitrique; c'est donc un produit d'oxydation de l'acide stéarique, en sorte qu'il devrait se trouver plutôt dans les animaux qui sont oxydants que dans les plantes qui sont réductrices. Cette anomalie donne à croire que les deux acides en question pourraient bien être isomères et ne différer entre eux que par leurs caractères physiques, comme la fécule et la gomme. La différence existant entre les acides gras liquides est bien plus considérable que celle qu'on remarque entre les mêmes acides solides; d'abord ils ont une tout autre composition, puis celui des huiles siccatives passe si rapidement à l'état de résine en absorbant l'oxygène de l'air, qu'il est presque impossible de l'obtenir pur. L'acide oléique des huiles grasses est formé de $C^{36} H^{34} O^4$; c'est une huile incolore qui s'acidifie et se rancit promptement au contact de l'air. L'acide oléique cristallise à $+ 4°$ C et passe à l'état solide sous l'influence des vapeurs nitreuses et de l'acide sulfureux. Le nouvel acide gras qui se forme alors possède la même formule que l'acide oléique liquide; mais il cristallise fort bien et fond seulement à $+ 45°$ C. L'acide oléique est aussi peu répandu chez les animaux qu'il est abondant dans les plantes; à en juger par sa formule, qui prouve qu'il contient moins d'hydrogène que l'acide margarique, il pourrait bien naître de l'oxydation de ce dernier, qui se rencontre en effet dans les feuilles de la plupart des plantes, tandis qu'on ne trouve l'acide oléique que dans leurs graines et quelquefois aussi, comme pour l'olive, dans la chair de leurs fruits. L'acide margarique peut très-bien se former directement dans les feuilles par la désoxydation de l'eau et de l'acide carbonique; mais il est possible aussi qu'il prenne naissance, plus tard, par l'altération du sucre dans la graine elle-même, puisque son apparition y correspond avec la disparition du sucre. Quand trois équivalents de sucre de raisin perdent 32 équivalents d'oxygène, ils produisent un équivalent d'acide margarique, ce qui revient à dire qu'en désoxydant le sucre on produit des graisses. Dans les laboratoires, on peut effectuer en partie cette transformation en donnant naissance à l'acide butyrique et à l'oxyde propionique, qui sont des espèces d'essences dont nous ne parlerions point si l'étude des graisses n'avait pas conduit à trouver entre elles et les corps que nous venons de nommer une parenté si étroite, que de la formation de l'un il est rationnel de conclure la possibilité de celle de tous les autres. En effet, en réunissant tous les acides gras, on remarque qu'on peut les représenter par de l'acide acétique, plus une proportion variable d'hydrogène carboné CH ou gaz d'éclairage; ainsi, par exemple, l'acide acétique ayant pour formule $C^4 H^3 O^4$, l'acide margarique devient $C^4 H^4 O^4 + {}^{32}CH$; l'acide palmitique $C^{32} C^{32} O^4$, qu'on trouve dans l'huile de palme, $C^4 H^4 O^4 + {}^{28}CH$; l'acide butyrique $C^4 H^4 O^4 + {}^4 CH$, et l'acide propionique $C^4 H^4 O^4 + {}^2CH$. Plus un corps gras se charge d'hydrogène carboné, plus il a de tendance à prendre l'état solide; aussi, tandis que les acides butyrique et propionique sont liquides et volatils, l'acide margarique, qui est bien plus riche qu'eux en hydrogène carboné, est solide. L'acide margarique peut donc se former aux dépens du sucre contenu dans les plantes; reste à savoir si telle est toujours son origine.

Dans les graines des choux, du pavot, des noyers et du lin, on trouve beaucoup d'huile; dans le froment, l'orge et les pois, fort peu d'une graisse solide toute semblable au suif, et aucune trace d'huile; dans presque toutes les autres plantes, on trouve l'un ou l'autre de ces corps gras, qu'on rencontre dans presque tous leurs organes, où ils sont accompagnés par des quantités variables de résine ou de cire.

La cire molle et incombustible par elle-même se rapproche aussi par sa formule des corps gras, dont elle diffère en ce qu'elle ne se laisse pas facilement saponifier. Elle est très-répandue sur les feuilles de presque toutes les plantes, et forme le fard des prunes, des raisins, et de beaucoup d'autres fruits; elle se dépose en si grande quantité sur les feuilles d'un palmier d'Amérique, le *ceroxylon andicola*, qu'elle sert à fabriquer toutes les bougies employées au Brésil. La cire d'abeilles paraît être un mélange de cire proprement dite ou acide cérotique $C^{54} H^{54} O^4$, avec des proportions variables de graisse, de résine et de matière colorante. La cire est très-soluble dans l'alcool et insoluble dans l'eau; pure, elle est incolore et translucide.

Comme les huiles siccatives produisent, quand on les chauffe, du caoutchouc, et quand elles s'oxydent des résines, elle établissent le passage des corps gras aux essences et aux résines proprement dites.

Les essences ou huiles essentielles ont, en général, l'aspect, le toucher et la viscosité des huiles grasses, dont elles diffèrent en ce qu'elles sont odorantes, distillables sans altération, et surtout parce qu'elles s'enflamment lorsqu'on les met en contact avec un corps en ignition ; l'essence de térébenthine présente tous ces caractères à un dégré très-développé. Au contact de l'air, toutes les essences absorbent de l'oxygène ; mais les unes, comme l'essence de térébenthine, passent alors à l'état de résine, tandis que les autres, comme l'essence d'amandes amères et l'alcool, se changent en acides. Les unes, comme le camphre et le caoutchouc, sont solides. Presque toutes sont liquides ; mais la plupart de ces dernières contiennent des quantités variables d'une substance solide appelée stéaroptène et d'une matière liquide nommée éléoptène. L'essence d'anis, liquide en été, dépose en hiver beaucoup d'un stéaroptène cristallisé en magnifiques feuillets blancs et nacrés. Les huiles essentielles offrent donc tous les caractères physiques et chimiques des huiles grasses ; l'analogie s'étend jusqu'à leur composition. En effet, les essences sont toutes formées du même hydrogène carboné CH, qui, par son union avec l'acide acétique, produit toutes les graisses ; il y est plus ou moins mélangé du composé C^2H qu'on rencontre seul et pur dans le styrax, qui est une résine douée d'une odeur délicieuse rappelant à la fois celle de la vanille et de la cannelle. L'essence de roses, par contre, est formée de ^{16}CH ; dans l'essence de térébenthine $C^{20}H^{16}$, on trouve $^4C^2H + ^{12}CH$; dans le caryophylène $C^{10}H^8$, qu'on extrait des clous de girofle, $^2C^2H + ^6CH$, et ainsi de suite. Ces divers hydrogènes carbonés peuvent en s'oxydant produire d'abord des composés particuliers, qui jouent le rôle d'acides très-faibles, sans perdre les caractères des essences. Dans l'essence de cannelle, par exemple, on trouve tout à la fois le composé $C^{18}H^{10}$, très-odorant, le composé $C^{18}H^8O^2$, qui en présente l'odeur et la plupart des caractères, puis enfin l'acide cinnamique $C^{18}H^8O^4$, qui cristallise très-bien et ne possède plus aucune odeur. En général, l'oxydation des hydrogènes carbonés est accompagnée par la formation des résines toutes les fois qu'ils contiennent le composé C^2H, et dans ce cas ils présentent une consistance huileuse très-prononcée. Pour nous faire une idée juste de la formation et des produits déri-

vés des essences, étudions leur type, l'alcool $C^4 H^6 O^2$, qui
apparaît en même temps que de l'acide carbonique, quand on
fait fermenter le sucre. Chaque équivalent de sucre produit
deux équivalents d'alcool et quatre d'acide carbonique, suivant
la formule $C^{12} H^{12} O^{12} = 2C^4 H^6 O^2 + {}^4C O^2$; de même encore la salicine, qui est un corps soluble dans l'eau et inodore,
donne, quand on l'oxyde, d'abord de l'essence de reine-des-
prés, puis un acide fort bien cristallisé et inodore, l'acide sa-
licylique. L'alcool est de l'hydrogène carboné combiné avec de
l'eau qu'on peut enlever ; alors l'hydrogène carboné se dégage
pur ou bien, suivant le cas, sous forme d'éther, retenant encore un équivalent d'eau. Quand l'alcool absorbe l'oxygène
de l'air, il se change d'abord en aldéhyde $C^4 H^4 O^2$, corps
très-fluide, doué d'une odeur agréable, très-volatil et qui,
chauffé avec des alcalis en dissolution dans l'eau, produit une
résine brune, tandis qu'en s'oxydant à l'air il se change totalement en acide acétique $C^4 H^4 O^4$ à raison de la facilité avec
laquelle il s'oxyde. Il est intéressant de voir que la formule
de l'acide acétique est la même que celle du sucre de raisin
divisée par 3. On pourrait en inférer que cet acide se forme
par la simple division de la molécule du sucre, si l'expérience
ne venait pas combattre cette idée. On ne trouve pas l'alcool
dans les végétaux, mais bien l'acide acétique, car on rencontre
les acétates dans la sève de la plupart d'entre eux. L'alcool
est le type de toutes les essences volatiles qu'on ne peut pas
obtenir par simple distillation, et qui sont tellement dangereuses à respirer, parce qu'elles asphyxient, comme les gaz qui se
dégagent des charbons. Le parfum des violettes, du jasmin,
du muguet, et surtout des lis, est dans ce cas, en sorte que
pour l'obtenir on doit le dissoudre d'abord dans un corps gras.
Au reste, si l'alcool du vin est trop volatil pour qu'il se rencontre dans les plantes, on en trouve un autre qui se forme
aussi par la fermentation du sucre dans de certaines conditions : c'est l'alcool amylique, qui, seul ou uni à de certains
acides, parfume les pommes, les poires, les coings, et probablement aussi beaucoup d'autres fruits. L'alcool de vin est
un liquide incolore, très-fluide, doué d'une odeur agréable,

d'une saveur aromatique et brûlante ; il est plus léger que l'eau, avec laquelle il se mêle en toute proportion et bout à 78° C. Au contact d'un corps en ignition, il prend feu et brûle en totalité, sans fumer, ce qui le distingue des autres huiles essentielles, qui, étant toutes plus riches en carbone que lui, dégagent en brûlant des torrents de noir de fumée.

Toutes les autres essences sont douées de caractères analogues à ceux de l'alcool ; mais elles sont généralement plus fixes que lui ; on les rencontre dans toutes les parties des plantes, mais dans les feuilles surtout, comme c'est le cas pour les sauges, les menthes, les orangers ; on les trouve aussi dans leur écorce, comme pour le camphrier et le cannellier ; dans les enveloppes des graines, telles que celles d'anis, de genièvre, de vanille, de badiane ; dans les racines, c'est le cas du gingembre, de l'iris ; dans la sève, comme dans les arbres résineux et dans ceux qui donnent le caoutchouc ; dans les graines, comme c'est le cas de la moutarde, des fèves de tonka ; très-rarement ou en très-petite quantité dans le bois, et tout aussi rarement dans les fleurs , car celles d'orangers et de citronniers font seules exception à la règle générale. Les bois odorants sont ceux de sandal, de palissandre, de genièvre, etc.

Certaines familles végétales sont caractérisées par la présence des essences ; ainsi celle des labiées dans laquelle on range les sauges, le romarin et les menthes ; celle des lauriers, tandis que celle des renonculacées ne possède que des plantes inodores. Dans la même plante on trouve quelquefois deux essences différentes ; c'est ainsi que dans le serpolet, à côté de l'essence qui lui donne son agréable parfum, il y a du camphre ; dans le réséda, dont les fleurs ont une odeur si suave, la racine répand une odeur de cresson ; dans le robinier ou acacia blanc, dont les fleurs ont l'odeur de celles d'oranger, la racine sent très-mauvais ; enfin, entre deux essences dont l'odeur n'offre aucun rapport, il peut y avoir une très-proche parenté ; c'est ainsi, par exemple, qu'on peut changer l'essence de térébenthine en essence de citron, et l'essence de moutarde en essence d'ail.

Les fonctions des essences sont multiples ; mais elles ne sont point d'une importance majeure, puisqu'elles manquent dans une foule de végétaux. Nous avons déjà vu que, dans les arbres résineux, c'est à l'essence de térébenthine qu'il faut attribuer en grande partie, sinon en totalité, la faculté dont ils jouissent de se développer sous l'influence des étés secs et des hivers les plus rigoureux. Cet effet n'a lieu que dans le cas où l'essence entraînée par la sève enveloppe toute la plante, et c'est le cas le plus rare. L'essence se localise généralement, ainsi qu'on le découvre facilement en examinant une feuille de menthe ou d'oranger. En plaçant cet organe entre l'œil et la lumière, on le voit tout criblé de points transparents formés par les vésicules remplies d'essence. On observe la même chose dans les fleurs d'oranger, les tubercules de dahlias et l'écorce des oranges. Cette localisation de l'essence indique qu'elle n'est pas utile à la végétation et qu'au contraire elle lui serait nuisible si elle se mêlait à la sève ; ce sont des produits excrétés et qui semblent n'exister que pour la sûreté des plantes, car toutes celles qui sont aromatiques sont peu attaquées par les insectes, ou sont même tout à fait exemptes de leurs ravages. La menthe seule fait exception à cette règle générale, car elle est rongée par la larve d'un gros coléoptère du plus beau vert doré qui en dévore toutes les feuilles, quelque chargées d'essence qu'elles soient.

Les essences fournissent à la médecine beaucoup de précieux remèdes, en général antiseptiques ou excitants ; celle de térébenthine sert à la fabrication des vernis, et l'alcool est le principe excitant de toutes les boissons fermentées.

Les résines se forment par l'oxydation, ou bien aussi par la modification isomérique des essences. Quand on distille de l'essence de térébenthine, $C^{20}H^{16}$, elle absorbe assez rapidement l'oxygène de l'air pour laisser un dépôt de colophane $C^{20}H^{15}O$, qui s'est formée par l'union de 2 équivalents d'oxygène avec l'essence de térébenthine, dont ils déplacent 1 équivalent d'eau HO qui se dégage.

En abandonnant à elle-même l'essence du styrax ou styrol, elle s'épaissit, puis, sans changer de composition, elle se transforme lentement en une résine blanche, dure et transparente, qui reproduit le styrol liquide lorsqu'on la distille ; comme le styrol est la seule essence qui ait offert jusqu'ici ce caractère, il est à croire que les résines produites par toutes les autres sont des substances oxydées.

Les résines proviennent essentiellement des plantes de la famille des conifères et des lauriers ; elles sont plus ou moins solides, suivant qu'elles retiennent plus ou moins d'essence qu'on en sépare par distillation ; en distillant avec de l'eau le galipot, il passe de l'essence de térébenthine, et il reste dans la cornue de la colophane.

Elles sont presque toutes insolubles dans l'eau, solubles dans l'alcool et l'éther, et brûlent d'elles-mêmes lorsqu'on les enflamme, ce qui les distingue des corps gras solides. Les résines sont des produits d'excrétion qu'on ne rencontre qu'à la surface ou au-dessous de l'écorce des plantes ; elles sont bien plus abondantes dans les arbres que chez les herbes, où elles semblent servir à empêcher l'évaporation de la sève et la pénétration directe de l'eau pluviale dans les pores de la plante. L'épiderme des végétaux est donc recouvert par une légère couche de résine imperméable à l'eau. Bouillies longtemps avec les alcalis, les résines finissent par s'y unir en produisant une masse pâteuse, soluble dans l'eau, d'où le sel ne la précipite pas, ce qui distingue les savons résineux des savons gras qui en sont précipités, et fournit un bon moyen de les séparer.

Les essences et les résines sont aussi peu répandues chez les animaux qu'elles sont abondantes dans les plantes ; on ne les rencontre guère que chez les carnivores, tels que les fouines, les putois, la civette et la zorille d'Amérique, qui dégage, lorsqu'on l'irrite, une odeur infecte tellement active, qu'elle peut altérer gravement la santé de l'homme le plus vigoureux. L'odeur de la plupart des animaux est musquée ; elle semble due à un acide gras analogue à celui du beurre, et qui imprègne le sang de tous les animaux, auxquels il donne leur odeur spéciale et tellement caractéristique, que les chiens les suivent sans peine en flairant la trace de leurs pieds. Certains animaux conservent l'odeur des aliments qu'ils consomment ; c'est ainsi que la larve de la coccinelle du saule a une forte odeur d'acide salicyleux, tandis que les vautours répandent l'odeur infecte des charognes dont ils se nourrissent.

Les animaux n'offrent pas de résines, à moins qu'on n'applique ce nom à l'humeur demi-solide qui se forme dans les oreilles, puis aussi dans la poche à parfum du castor, du musc et de la civette ; mais ces corps ont beaucoup plus d'analogie avec les graisses qu'avec les résines. A raison de leur odeur en général repoussante, les résines animales sont employées quelquefois en médecine. Quant aux parfums végétaux, leurs emplois sont aussi variés que possible : les uns, comme l'essence de cannelle, de poivre, de sauge et de laurier, servent à épicer nos aliments ; les autres, comme les essences de cajeput, de laurier cerise et le camphre, constituent d'énergiques médicaments, tandis que tous les autres nous attirent par leur délicieuse odeur. Qu'on songe seulement à la rose, à la tubéreuse, au jasmin et à la violette, et on se fera une juste idée de leur incroyable variété.

Il est une résine à laquelle nous devons nous arrêter d'une façon toute spéciale : c'est le caoutchouc qui, répandu dans la sève de plusieurs arbres des pays chauds, se rencontre aussi dans celle du mûrier et du figuier. Le caoutchouc est l'hydrate d'une essence $C^8 H^7$; il est doué d'une élasticité extraordinaire ; la gutta-percha lui ressemble beaucoup. Tous les deux sont insolubles dans l'alcool et les alcalis ; mais ils sont attaqués par tous les autres dissolvants des résines. L'essence de térébenthine, en s'hydratant, se change, comme l'essence de caoutchouc, en un solide ; mais il est cristallisé et odorant, tandis que le caoutchouc est amorphe et inodore. Dans le suc du figuier, le caoutchouc est accompagné par une substance douée de caractères extraordinaires ; ainsi, par exemple, une seule goutte du jus blanc que sécrètent leurs feuilles, lorsqu'on les coupe, suffit pour liquéfier aussitôt de grandes quantités d'albumine de poule. Il y a plus : pour attendrir les viandes les plus dures, on n'a qu'à les couvrir de feuilles de figuier ou les suspendre dans leur feuillage ; l'action est tellement rapide qu'au bout d'une heure la viande est aussi tendre que possible ; bientôt après elle se décompose. Il y a donc dans le figuier un principe qui dissocie les parties constituantes du corps animal ; cela est tellement vrai, que la plus petite parcelle de figue mal mûre suffit pour produire chez la personne qui l'a mangée de la fièvre et une violente diarrhée. La médecine ne pourrait-elle pas employer cette matière pour dissoudre les engorgements des glandes et apaiser les inflammations ?

Les couleurs sont tout aussi répandues et au moins aussi variées que les odeurs : on peut les ramener toutes au bleu, jaune et rouge, et il est probable qu'elles sont dérivées d'une même matière colorante qui pourrait bien être l'indigo ; au moins ce corps est-il capable de donner toutes les nuances possibles, et le retrouve-t-on dans la plupart des plantes, où il existe à l'état soluble. Les feuilles sont généralement vertes ; il y en a cependant de rouges, comme celles de la blette du Malabar, et des variétés rouges du hêtre et du noisettier. Peu de plantes en bonne santé offrent la coloration blanche, sauf l'aucuba du Japon, dont les feuilles vert foncé, marbrées de blanc, font pendant toute l'année l'ornement de nos jardins. La teinte des feuilles ne paraît pas exercer d'action sur leur force assimilatrice, puisque les tilleuls se développent plus vigoureusement que les chênes, quoiqu'ils aient les feuilles d'un vert beaucoup plus clair que celui de ces derniers, et que les plantes à feuilles rouges sont tout aussi fortes que celles à feuilles vertes. La couleur de ces organes pourrait donc exercer sur l'assimilation de l'acide carbonique une action beaucoup moins importante que leur constitution anatomique et la nature des sucs qui s'y rencontrent. Toutes les couleurs des organes foliacés sont fugaces, à part la couleur jaune, qui est d'une fixité extraordinaire ; c'est aussi, avec la blanche, la plus répandue ; la plus rare est la rouge, et surtout la bleue.

Si la couleur verte des feuilles est assez altérable, il n'en est pas de même de celle de l'indigo, dont elle paraît dériver. Cette magnifique couleur bleue qu'on trouve en abondance

6

dans les feuilles de l'indigotier, du laurier-rose et de la re-
nouée des teinturiers, jouit d'une fixité extraordinaire aussi
longtemps qu'elle n'a pas été soumise à l'action des acides;
alors elle devient soluble dans l'eau, à laquelle elle communique toutes les couleurs, toutes les nuances imaginables,
depuis le bleu et le violet jusqu'au rouge, au jaune et au
vert, mais qui cette fois sont aussi fugaces qu'était solide le
bleu produit par l'indigo avant qu'il eût subi cette altération.
En admettant l'existence de l'indigo dans les feuilles de tous
les végétaux, il ne faut pas s'étonner de la difficulté qu'on
éprouve à l'en retirer, puisque leur suc, toujours acide, doit
l'avoir altéré très-profondément; nous attribuons donc toutes
les colorations végétales à l'indigo, $C^{16} H^5 NO^2$, absolument
comme nous pensons que toutes les couleurs animales sont
produites par la modification de l'acide urique.

L'acide urique $C^{10} H^4 N^4 O^9$ est tout aussi répandu dans les
animaux que l'indigo chez les végétaux; on le rencontre dans
l'urine au sortir des reins. Ce sont les animaux à cloaque,
tels que les oiseaux, les grenouilles, les serpents et les insectes, qui en produisent le plus; les autres animaux, qui possèdent une vessie destinée spécialement à conserver l'urine,
n'en possèdent que peu, sans doute parce que, sous l'influence de l'acide de l'urine et de la chaleur du corps, l'acide
urique se change en urée en s'assimilant une certaine quantité d'eau, ainsi que l'indique l'équation $C^{10} H^4 N^4 O^6 + {}^4HO$
$= {}^2C^2 H^4 N^2 O^2 + {}^6CO$; chaque équivalent d'acide urique
produirait deux équivalents d'urée et six d'oxyde carbonique qui passerait dans le sang, où il se brûlerait. L'acide
urique, qui est presque insoluble dans l'eau quand il est
cristallisé, s'y dissout en forte proportion dans le cas contraire;
il peut donc se rencontrer dans le sang, et comme ce liquide
est chargé d'oxygène, on peut admettre que dans ces conditions il peut s'oxyder et se changer en alloxane $C^8 H^4 N^2 O^{10}$,
qu'on prépare artificiellement en traitant l'acide urique par
l'acide nitrique. Toutes les fois que l'alloxane est en contact
avec l'ammoniaque, elle produit une superbe couleur rouge
à reflets verts dont l'éclat rappelle celui des plumes des

colibris et des élytres des insectes dorés; cette couleur, appelée murexide, est excessivement stable et doit pouvoir se produire dans les tissus animaux, s'il y arrive de l'alloxane, ainsi que nous le pensons, parce que l'acide urique disparaît en presque totalité des déjections des oiseaux pendant qu'ils changent leurs plumes. Comme l'alloxane peut donner, dans d'autres conditions, aussi du bleu et du jaune, il est donc possible que ce soit à l'acide urique qu'il faille rapporter toutes les couleurs animales réelles et qui ne sont pas dues, comme celle de la nacre et des plumes de paon, à l'état physique de la surface des corps. On distingue bien vite les teintes dues à une couleur, de celles qui sont l'effet d'un jeu mécanique de lumière, en pilant les organes qui les présentent; dans le premier cas, les couleurs ne changent pas, tandis qu'elles s'effacent et disparaissent dans le second. Ce qui rend les couleurs des plumes des oiseaux, du fard des papillons, des élytres des insectes dorés, si éclatantes, c'est qu'à leur couleur propre s'ajoute l'organisation spéciale de ces organes, qui est sèche et toute différente de celle des poils.

Après l'indigo, les couleurs les plus solides sont le rouge qu'on tire de la racine de garance, le jaune qui imprègne toute la plante de gaude, et l'orange que fournit le bois de sandal. Les couleurs animales sont généralement beaucoup plus stables que les couleurs végétales; elles changent cependant beaucoup avec le temps: c'est ainsi que le plumage rouge feu du coq de roche devient assez vite rose, puis blanc; il n'y a pas jusqu'à la couleur, si inaltérable en apparence, des coquillages que l'action de l'air n'affecte aussi.

Le sang, qui nous paraît complètement rouge, pourrait bien contenir une substance bleue, ou bien sa nature colorante doit pouvoir se modifier et présenter cette teinte que nous voyons apparaître sur les barbillons du cou du dindon, de la pintade, les joues et les fesses de plusieurs singes, de même aussi que sur la face et quelquefois sur tout le corps des personnes dont la respiration est altérée.

La gélatine ou colle $C^{13} H^{10} N^2 O^5$ forme, en s'unissant à des quantités variables de substances minérales, les tendons, les aponévroses, la peau et les os des animaux, d'où on l'extrait en les faisant bouillir pendant longtemps avec de l'eau. Insoluble dans l'eau froide, la gélatine en contact avec ce liquide s'y gonfle énormément et finit par s'y dissoudre à chaud ; mais elle s'en sépare par le refroidissement, en donnant une gelée tremblante qu'on n'obtient pas toujours, car la gélatine peut, dans de certaines conditions, perdre la propriété de produire de la gelée, sans que pour cela sa composition change en aucune façon. C'est ce qui lui arrive quand on la fait bouillir pendant longtemps avec de l'eau seule, et très-vite quand on la chauffe avec des acides fort dilués, tels que le chloride hydrique et les acides nitrique ou sulfurique. La gélatine semble prendre naissance sous l'influence de l'oxydation de l'albumine, dont la formule $C^{30} H^{31} N^5 O^{12}$ n'explique pas facilement la formation directe, ce qui vient sans doute de la difficulté qu'on éprouve à purifier la gélatine, qui peut bien d'ailleurs être formée par l'union de plusieurs substances associées dans des proportions variables ; aussi est-il bien difficile de lui assigner un caractère spécial, à part peut-être celui de former avec l'acide tannique un composé insoluble dans l'eau et inaltérable à l'air, qui constitue le cuir. Quand on fait bouillir la gélatine avec des alcalis ou des acides forts, elle se change peu à peu en sucre de gélatine $C^4 H^5 NO^4$, cristallisant fort bien et jouissant de la faculté de s'unir aux acides avec lesquels il produit de nouveaux corps fort intéressants, dont le mieux connu est l'acide hippurique, qu'on rencontre dans l'urine des herbivores, et qui est formé de ce sucre et d'acide benzoïque, $C^{14} H^5 O^3$, ainsi que le prouve sa formule $C^{18} H^9 NO^6$, à laquelle il ne manque qu'un équivalent d'eau pour reproduire celle de ses éléments qu'on sépare en le faisant bouillir avec un acide. Le sucre de gélatine semble être un corps complexe dû à l'union du sucre avec l'urée, ce qui est facile à croire, puisque ces deux corps se trouvent en présence dans les reins.

La gélatine n'a pas encore été positivement découverte dans les végétaux. Lorsqu'on considère que la gélatine se forme aux dépens de tous les tissus animaux ; que la formule d'eux tous est loin d'être fixée, et qu'elle possède d'ailleurs la plus étroite parenté avec celle de cette matière, il est impossible de ne pas les regarder comme étant identiques ; et comme leurs réactions chimiques sont les mêmes, nous pensons qu'elles le sont en effet et que toutes ont la composition $C^{18}\,H^{10}\,N^2\,O^4$, qui est celle de l'acide pectique, $C^{12}\,H^{10}\,O^{10}$, plus deux équivalents d'ammoniaque moins deux équivalents de carbone et six d'eau, car $C^{12}\,H^{10}\,O^{10} + {}^2NH^3 = C^{10}\,H^{10}\,N^2\,O^4 - C^2 + {}^6HO$. Cette équation permet donc de faire dériver tous les composés protéiques du pectate ammonique qui doit se rencontrer dans tous les végétaux.

Les acides se rencontrent dans toutes les parties des plantes, et tout spécialement dans celles où la vie est la plus active, comme dans les feuilles et les fruits, où ils empêchent la putréfaction de se développer dans les substances si altérables qui en font partie. L'acide le plus répandu a été découvert d'abord dans les pommes, ce qui lui a fait donner le nom d'acide malique, $C^4\,H^3\,O^5$. C'est lui qu'on trouve dans les feuilles et les fruits verts de tous les végétaux, où il est remplacé dans les fruits seulement, d'abord par l'acide citrique, qui a la même formule que lui, puis par l'acide tartrique $C^4\,H^3\,O^6$, qu'on ne rencontre que dans les fruits mûrs, et tout spécialement dans les raisins. Comme presque tous les malates sont très-solubles dans l'eau, il est probable que c'est sous cette forme que les sels terreux sont transportés dans toutes les parties des végétaux. Les acides sont presque toujours combinés aux bases dans les plantes ; cependant, on les y trouve quelquefois libres ; c'est le cas de l'acide oxalique sur les feuilles des pois chiches, et de l'acide citrique dans les citrons. A côté de l'acide malique se range l'acide succinique, $C^4\,H^3\,O^4$, qu'on trouve uni à l'ammoniaque dans les vesces en germination et qui semble très-répandu dans les plantes ; en oxydant ce composé, on le transforme en acide malique, de même aussi qu'en réduisant l'acide malique on le change en acide succinique ; ce dernier acide est remarquable par la facilité avec laquelle il cristallise, ce qui le distingue de l'acide malique, qu'il est presque impossible d'obtenir sous une autre forme que celle de sirop épais. Des expériences toutes récentes me font croire que ce qu'on a pris jusqu'ici pour de l'acide succinique, dans les plantes que nous venons d'énumérer, pourrait bien n'être que de l'acide fumarique, $C^4 H^2 O^4$, ou son isomère, l'acide maléique.

On rencontre l'acide oxalique, $C^2 HO^4$, dans les feuilles de l'oseille, des oxalis, dans les racines d'iris, sur les feuilles des pois chiches et dans les lichens ; il est peu répandu ; c'est le plus fort des acides végétaux.

L'acide benzoïque, $C^{14} H^6 O^4$, diffère de tous les précédents parce qu'il n'est pas soluble dans l'eau ; combiné avec différentes substances, il est excessivement répandu dans la nature, et tout spécialement dans les graminées et dans l'enveloppe des grains d'avoine, d'où il passe dans l'urine des animaux herbivores, où on le retrouve combiné au sucre de gélatine, à l'état d'acide hippurique. Toutes les parties des plantes dans lesquelles il y a de l'acide benzoïque possèdent une odeur de vanille qui se développe quand on les chauffe.

L'acide tannique, $C^{40} H^{18} O^{25}$, ne se trouve guère que dans le bois et surtout dans l'écorce des arbres ; c'est un dérivé de l'acide gallique qui est bien important, puisqu'il jouit de propriétés antiputrides assez énergiques pour conserver les bois et les préserver fort longtemps contre la décomposition. Sa saveur n'est pas acide, mais bien plutôt astringente ; il est très-soluble dans l'eau, l'alcool et l'éther, et se décompose rapidement en présence des bases et de l'air, en produisant du terreau ; il ne peut pas cristalliser. On le rencontre en grande quantité dans l'écorce des chênes, des saules, des pins et sapins, puis aussi dans les tiges de myrtille et la racine de quelques herbes, telles que la scabieuse, la tormentille. Nous avons déjà vu que les sphaignes ou mousses des marais sont imprégnées d'acide tannique qui les garantit de la putréfaction. L'acide tannique est employé au tannage des cuirs ; c'est un remède fortifiant employé surtout sous forme de cachou, qui est un extrait fait avec l'infusion de différentes espèces d'acacias, *arecas* et *uncarias*. Plus l'écorce des chênes est jeune, plus elle est riche en acide tannique, dont elle renferme jusqu'à 14 p. 100. Cet acide disparaît presque totalement des vieilles écorces, où il est remplacé par de l'acide gallique, $C^{14} H^6 O^{10}$, accompagné d'acide acétique qui leur communique une forte odeur de vinaigre.

Quand du sucre fermente en présence des bases à une température voisine de 30° C., il s'altère, se change en une masse gommeuse, puis en un acide qui, en s'unissant à la base, forme un composé cristallin ; le sucre a passé alors à l'état d'acide lactique $C^6 H^5 O^6$, sans changer de composition, car il contient les mêmes éléments, dans le même rapport, tandis que leurs propriétés sont aussi différentes que possible, car c'est un acide fort, tandis que le sucre est absolument neutre. Rare dans les végétaux, où il ne se rencontre que sous l'influence de la fermentation, l'acide lactique est au contraire très-répandu dans le corps des animaux, où il semble jouer le même rôle que l'acide malique dans celui des plantes, c'est-à-dire que c'est lui qui fournit aux différentes parties du corps les minéraux dont elles ont besoin, et tout spécialement la chaux nécessaire à leurs os. C'est l'acide lactique qui rend acide la chair de tous les animaux ; c'est lui qu'on trouve dans l'estomac, dans le sang, dans la sueur et dans l'urine ; c'est donc lui seul qui empêche la chair de s'altérer, car il est un antiseptique très-énergique. L'acide lactique se forme très-probablement dans l'estomac aux dépens des substances bassoriques, ou bien peut-être aussi dans le sang aux dépens du sucre qui s'y trouve en forte proportion. Quand l'acide lactique existe en trop grande quantité dans l'organisme, il reprend la chaux qu'il lui avait donnée, et produit la maladie rachitique que caractérise le ramollissement des os.

Parmi les *bases*, nous ne parlerons que de la morphine, qu'on trouve dans l'opium, de l'atropine dans la belladone, de la solanine dans la pomme de terre, et de la nicotine dans le tabac ; toutes les autres, caractérisées par leurs caractères horriblement vénéneux, telles que la strychnine, la brucine, la hyoscyamine, ne sont plus du domaine de la chimie agricole. Les alcalis organiques présentent les caractères des résines et des huiles essentielles combinées avec des quantités variables d'ammoniaque ; toutes sont douées de propriétés médicinales énergiques : la morphine endort, de même aussi que l'atropine, tandis que la solanine et la nicotine tuent à la façon des poisons âcres. Ces corps ne se rencontrent qu'en très-petite quantité dans les plantes ; ils sont généralement insolubles dans l'eau, et très-solubles dans l'alcool.

La morphine, $C^{34} H^{19} NO^6$, est le principe actif de l'opium ; on ne la trouve que dans le suc de la tête des pavots, au moment où ils mûrissent ; il n'y en a pas trace dans les graines, encore moins dans les feuilles, ce dont nous nous sommes assuré directement, tant par l'analyse qu'en en donnant au bétail, qui n'en a jamais été incommodé. La solanine, ou base des pommes de terre, existe dans toute la plante, de même aussi que l'atropine ou poison de la belladone ; aussi leurs feuilles sont-elles vénéneuses, surtout celles de la belladone. Quand on fourrage des moutons avec les fanes des pommes de terre, leurs jambes de derrière se paralysent au bout de peu d'heures, et ils finissent par tomber par terre, sans pouvoir plus se relever jusqu'au moment où une purgation vient débarrasser leurs intestins du poison auquel sont dus ces curieux effets. La morphine est solide comme la plupart des bases organiques ; elle est incolore et douée d'une saveur amère et désagréable.

La nicotine, $C^{10} H^7 N$, est le principe actif des tabacs ; elle est liquide et soluble dans l'eau. Son odeur est forte : elle rappelle celle du tabac ; c'est un violent poison qui se décompose rapidement au contact de l'air, en passant à l'état de terreau.

Toutes les plantes et les parties des plantes qui sont douées de caractères toxiques ou médicamenteux très-énergiques les doivent en général à des alcalis organiques : la ciguë, l'æthuse, que leur ressemblance avec le persil fait confondre avec cette plante, causent des empoisonnements à cause des alcalis organiques qui s'y trouvent en forte proportion. Quelquefois cependant des substances actives se trouvent en si petite quantité qu'on ne peut pas les isoler ; c'est le cas de la substance vénéneuse qui se trouve dans les poils des orties, et qui suffit cependant pour causer de vives démangeaisons quand ils s'introduisent sous la peau. Quelques observateurs en ont conclu que les poils des orties n'irritaient la peau que mécaniquement ; mais les grandes orties des pays chauds prouvent qu'ils se sont trompés. En appuyant un corps imperméable, tel qu'une lame de couteau, sur les piquants qui garnissent les feuilles de l'ortie de l'Himalaya, dont les piqûres sont dangereuses, on voit sortir de la pointe de chacun d'eux une gouttelette de liquide à laquelle seule il faut attribuer les effets produits par la piqûre de cette dangereuse plante. Les piquants de l'ortie n'agissent donc, comme le dard de l'abeille et la dent du serpent vénimeux, qu'en transportant dans la plaie qu'ils ouvrent le venin contenu dans leur cavité et sécrété par une glande placée près de leur base. Le liquide irritant que sécrètent les poils des orties est de l'acide formique, comme le venin des guêpes et des abeilles ; aussi, en arrête-t-on les effets en frottant la plaie avec de l'ammoniaque caustique, qui neutralise l'acide. Il ne faut point confondre ces venins avec ceux de la rage, du charbon, de la peste ou de la petite vérole : ceux-là ne sont pas des poisons, mais de vrais ferments ; ils agissent en altérant le sang, comme le levain altère la pâte, comme le ferment, qui change le sucre en alcool et en acide carbonique. Rien n'explique mieux l'action de ces substances que ce qui arrive quand on s'inocule le suc d'un cadavre en décomposition : dans ce cas-là, la partie atteinte s'enflamme bientôt ; une fièvre violente se déclare ; la gangrène survient, et la mort termine le plus souvent cet ensemble de phénomènes effrayants. Le cadavre n'était cependant pas empoisonné, non ; mais il se décomposait, et les substances qui s'altèrent communiquent à d'autres qui sont saines le mouvement de décomposition qui les anime, absolument comme l'ébranlement d'une cloche agite les airs, et fait ainsi arriver les vibrations sous forme de sons jusqu'à notre oreille.

Quelques plantes doivent leurs propriétés toxiques à de l'acide prussique : c'est le cas du laurier rose et du manioc ; d'autres à des substances non isolées encore, comme pour la renoncule âcre et une foule d'autres.

Il nous reste à examiner actuellement un petit groupe de corps neutres extrêmement intéressants par leurs produits de décomposition, ou bien par leur action thérapeutique ; le plus intéressant est :

La salicine, $C^{26} H^{18} O^{14}$, qu'on trouve dans l'écorce de saule. C'est une matière blanche, soluble dans l'eau, à laquelle elle communique une saveur excessivement amère ; elle colore en beau rouge l'acide sulfurique concentré dans lequel elle se dissout. Quand on fait fermenter la salicine, elle se dédouble en sucre et en une résine qui, en s'oxydant, produit l'essence qui parfume d'une manière si agréable les fleurs de la gracieuse reine des prés, connue des botanistes sous le nom de spirée ulmaire.

La plupart des plantes contiennent dans leurs feuilles un principe spécial, ce qui est tout naturel, puisque la feuille est l'organe essentiel de la plante, celui qui la forme tout entière. Dans la feuille du lilas, on trouve une substance amère ; celle des feuilles de bette est purgative ; de laitue, calmante ; de chélidoine, excitante ; de figuier, altérante, et ainsi de suite. Il y a dans l'étude des feuilles un champ immense ouvert à l'activité des chimistes et absolument inexploré jusqu'ici.

Dans les graines de moutarde, il n'y a pas d'essence, mais une substance neutre qui la produit quand on les soumet à la fermentation. On rencontre aussi dans les amandes amères une substance neutre qui se transforme, sous l'influence de la fermentation, en essence d'amandes amères.

La phlorizine, $C^{42} H^{24} O^{20}$, présente les mêmes caractères que la salicine ; mais elle cristallise beaucoup mieux. Elle est répandue dans l'écorce de la plupart des arbres fruitiers d'où on l'extrait, surtout de l'écorce de la racine des pommiers. Ce principe est fort remarquable, en ce qu'après avoir été dissous dans l'ammoniaque, il se colore, au contact de l'air, en violet pensée de la plus grande beauté, qui pourrait bien être le point de départ de la formation de l'indigo.

La caféine, $C^{16} H^{10} N^4 O^4$, est le principe actif du café et du thé, auxquels elle communique leurs propriétés stimulantes ; on la trouve en beaucoup plus forte proportion dans

les feuilles de ces arbres que dans leurs fruits. C'est à la
caféine contenue dans les fruits du *paullinia sorbilis*, qu'on
vend desséchés sous le nom de *guarana*, que cette préparation doit ses propriétés antiputrides, rafraîchissantes et fébrifuges.

Maintenant que nous connaissons les parties constituantes
essentielles des plantes et des animaux, nous pouvons passer
à leur analyse.

CHAPITRE IV

Analyse.

Admettons que nous ayons à examiner une feuille dans laquelle se trouvent tous les composés que nous venons de
passer en revue. D'abord nous la pilerions ou la réduirions
en fragments aussi petits que possible, dont on desséchera
une partie à 100ᵉ C. jusqu'à ce que son poids cesse de diminuer. La perte qu'elle aura éprouvée est due *à l'eau et aux
huiles essentielles* qu'elle contenait. Les essences existent en
si minime proportion, qu'on ne peut les doser qu'en opérant
sur de très-grandes masses qu'on distille. En pesant l'essence
produite, on apprécie ainsi le poids de ce principe qui doit se
trouver dans chaque feuille. Il y a des matières dont on ne
peut pas doser l'eau en les desséchant au contact de l'air ou
bien en les chauffant, parce qu'elles s'altèrent spontanément,
ou bien parce qu'elles absorbent l'oxygène de l'air ; dans ce
cas, on les dessèche dans le vide de la pompe pneumatique
desséché par du chlorure calcique ou de l'acide sulfurique.
Ce cas se présente surtout pour les matières animales et les
huiles grasses ou essentielles. On traite le résidu de la dessiccation par l'éther, qui lui enlève les graisses et les résines ;

la solution évaporée à 30° C. laisse le mélange, qu'on pèse, après quoi on le traite par les alcalis caustiques étendus d'eau. On fait bouillir pendant une heure, et on laisse refroidir. La résine se solidifie à la surface du liquide ; on la dessèche et la pèse : la différence existant entre le poids de la résine et celui du mélange doit être attribuée à la graisse qu'on peut d'ailleurs retirer de sa combinaison avec l'alcali caustique en la saturant avec de l'acide tartrique et chauffant ; le corps gras vient nager à la surface du liquide, où on le recueille. Quand on veut séparer les corps gras solides d'avec ceux qui sont liquides, on les fait bouillir avec de l'eau et de l'oxyde barytique jusqu'à ce qu'ils s'y soient unis ; la glycérine reste en dissolution. On recueille et dessèche le précipité qu'on épuise par l'alcool absolu, qui n'enlève que l'oléate barytique, qu'on décompose par le chloride hydrique pour obtenir l'acide oléique libre. On décompose le résidu insoluble dans l'alcool par le même acide, et on obtient ainsi les acides gras solides et purs. Le résidu de toutes ces opérations est calciné, afin de connaître le poids de cendres qui s'y trouve.

On prend alors une seconde portion de la substance primitive qu'on délaie dans beaucoup d'eau froide, après quoi on filtre au bout de six heures de macération à une douce température. On fait bouillir la solution ; ce qui se précipite est l'*albumine*. On filtre, conserve ce qui reste sur le filtre, et ajoute à la solution filtrée de l'acide acétique qui précipite la *caséine*. On filtre encore et concentre jusqu'à consistance sirupeuse ; ce qui cristallise au bout de vingt-quatre heures est du sucre de canne dont on sépare les eaux mères aussi bien que possible, après quoi on les mêle avec dix fois leur volume d'alcool, qui précipite la dextrine et dissout le sucre de raisin qu'on obtient en les distillant.

Revenant alors au résidu resté sur le filtre lors de la première filtration, on le broie de rechef avec de l'eau froide et le jette sur un tamis de soie à mailles très-serrées, sur lequel on le malaxe sous un filet d'eau aussi longtemps qu'elle passe trouble. Quand ce point est atteint, on laisse l'eau déposer, et on recueille le précipité sur un filtre, où on le lave avec de l'alcool qui lui enlève de la graisse et de la résine ; le résidu est de la *fécule*. On reprend la masse restée sur le tamis ; on la fait bouillir avec de l'eau, et on la passe de rechef sur le tamis de soie ; ce que cette eau laisse déposer au bout de vingt-quatre heures, c'est de l'*inuline*. Comme il y a beaucoup d'inuline entraînée par l'eau en même temps que la fécule, on fait bien de concentrer ses eaux de lavage lorsqu'on tient à la doser en totalité. Le résidu resté sur le tamis est chauffé avec une solution très-étendue de potasse, puis filtré et bien lavé ; en précipitant la solution par l'acide acétique, on obtient toute *la viande et l'acide pectique* à l'état de flocons blancs faciles à recueillir. En traitant ces flocons par l'acide acétique concentré, on dissout la viande et laisse l'acide pectique insoluble. Le résidu resté sur le filtre est enfin chauffé une dernière fois pendant une heure avec de l'acide sulfurique très-étendu d'eau, puis jeté sur un filtre où on le lave bien ; ce qui reste sur le filtre est du ligneux pur. Quant à la solution, on la neutralise avec de la craie, puis on la concentre et l'évapore à sec. Le résidu de sucre de raisin ainsi obtenu correspond à la bassorine, qui était combinée au ligneux dans la proportion de 225 du premier pour 202 de bassorine, ce dont il faut bien tenir compte dans le calcul de l'analyse.

La détermination des acides et des alcalis organiques est trop compliquée et trop délicate pour que nous puissions en faire mention ici, où nous ne devons nous occuper d'ailleurs que de l'analyse des composés directement utiles à l'agriculteur. L'examen des substances animales se fait de même que celui des matières végétales, en laissant de côté tout ce qui a trait aux substances qu'on ne rencontre jamais dans les animaux, comme le bois, la fécule, la bassorine, l'inuline et l'arabine.

En général, on préfère ne dessécher qu'une portion de la substance à analyser, pour doser l'eau, la résine et la graisse, et on analyse le reste tel quel par le procédé indiqué, en se bornant à défalquer l'eau de la matière première dans calcul de l'analyse.

CHAPITRE V

Amélioration ou culture.

Quittant les préliminaires, nous arrivons actuellement à l'examen des moyens employés pour perfectionner les plantes sauvages, au point de leur faire produire toutes les substances utiles à l'homme, en aussi grande quantité et dans le plus court espace de temps possible.

La différence qu'il y a entre les plantes cultivées et leurs parents sauvages est telle, qu'il est souvent difficile de croire qu'il y ait quelque affinité entre elles ; cela est si vrai que les botanistes ne sont pas d'accord sur les espèces sauvages qui ont donné peu à peu les différentes variétés de froment, d'orge et des autres céréales. La différence est moins grande entre notre succulente carotte et son type sauvage, dont la racine sèche et ligneuse ne possède aucune saveur. Mais qui irait reconnaître dans le poirier et le pommier sauvages la souche des inombrables variétés cultivées de ces deux arbres fruitiers? Les moyens dont l'homme dispose pour perfectionner les espèces végétales sont les mêmes que ceux qu'il applique aux animaux ; il les met dans des conditions telles qu'elles puissent acquérir tout le développement dont elles sont capables, conditions que la nature n'offre presque jamais réunies. Si la culture développe la taille et les organes des êtres doués de la vie, ce n'est donc pas parce qu'elle agit directement, mais uniquement parce qu'elle enlève les causes qui les empêchaient d'atteindre leur développement normal ; quand le maximum de la taille du bœuf, du chou, est atteint, l'homme ne peut plus y ajouter un atome ; il n'arrivera jamais, quelque soin qu'il leur donne, à avoir des bœufs grands comme des éléphants, des moutons comme des bœufs et des épis de froment aussi gros que ceux du maïs. Pour mieux développer notre pensée, voyons ce qui arrivera à seize marcassins de la plus grosse espèce de porcs et que nous prendrons au moment où ils sont sevrés : huit d'entre eux seront bien nourris ; les huit autres le seront parcimonieusement. Les premiers atteindront la taille de leur mère ; les seconds resteront beaucoup plus petits ; ils tendront à reprendre les caractères de la race sauvage. L'homme ne peut donc qu'aider la nature ; il ne lui commande point. Aussi, dans ses essais de perfectionnement des races, doit-il bien tenir compte des lois naturelles, s'il ne veut pas s'exposer à des fautes irréparables : la nature est un maître qu'il faut comprendre avant que de pouvoir l'aider. Pour être bon agriculteur, il faut être d'abord excellent observateur, puis aussi instruit que possible dans toutes les branches des sciences naturelles, ce qui permet d'éviter bien des fautes auxquelles le simple praticien ne peut pas échapper, quelque habile qu'il soit.

Les soins que nécessitent les diverses cultures sont les mêmes pour la plupart d'entre elles, ou bien ils sont spéciaux pour le plus petit nombre. Nous ne traiterons de ces derniers qu'en nous occupant de chaque plante en particulier, et nous nous arrêterons d'abord *aux moyens de multiplication.*

Pour multiplier les plantes, on emploie toujours une graine, un bourgeon ou une partie végétale capable de lui donner naissance. Les graines employées pour la multiplication doivent être bien mûres, fraîches et parfaitement conformées. Il est impossible d'obtenir de fortes plantes avec des graines imparfaites ; aussi ne peut-on apporter trop de soin dans le choix des graines. C'est pour cette raison qu'il faut changer les semences de certaines plantes et en tirer les graines des endroits où elles se développent le mieux. Quand on cultive le lin et le chanvre dans les terres sèches, on fait bien d'en chercher les graines dans les pays humides, parce qu'ils présentent à ces plantes les conditions indispensables à leur parfaite croissance ; de même encore que, pour empêcher les céréales et les pommes de terre de dégénérer quand on les cultive dans des sols humides, on doit tirer les semences des terres sèches, qui sont celles qui leur conviennent.

Toutes les fois qu'une plante dégénère, cela prouve qu'elle est placée dans de mauvaises conditions; aussi ne doit-on pas s'obstiner à la cultiver: il vaut infiniment mieux la remplacer par une autre à laquelle le terrain et les conditions de culture conviennent sous tous les rapports, et qui y donnera en abondance les produits que la plante déplacée ne fournissait que parcimonieusement. A chaque climat ses plantes et ses animaux: sachons les choisir; c'est ce qui sera facile en jetant un coup d'œil sur le catalogue si complet des êtres vivants auxquels l'agriculteur emprunte ses richesses. Le lin veut un sol léger, un ciel humide; le chanvre, un sol humide, un ciel chaud; le froment, un sol léger et un ciel sec; les prairies, un sol frais; les pommes de terre, un sol et un ciel secs; les choux, un sol et un ciel humides; les pois et les haricots, un sol et un ciel secs, tandis que les féverolles et les topinambours, les raves et les betteraves ne redoutent pas l'humidité. Laissons aux pays chauds l'olivier, l'arachide, la patate, le riz, la canne à sucre et le cotonnier. N'avons-nous pas le pavot, le colza, le noyer, les céréales, les pommes de terre, la betterave, le lin et le chanvre? Nous sommes plus riches qu'eux; ils vivent de nos labeurs. Nous n'aurions rien à leur envier si nous possédions leur éternel été, qui du reste a bien aussi ses inconvénients, puisque c'est à lui qu'on attribue les maladies putrides qui déciment si fréquemment la population des pays chauds.

Comme les plantes annuelles ne supportent généralement pas les frimas, on les sème au printemps, en commençant par les plus robustes, telles que l'avoine, l'orge, les pois et les vesces; celles qui sont les plus délicates et que les gelées détruiraient ne doivent être confiées à la terre qu'au moment où elles ne sont plus à craindre: ce sont tout spécialement le maïs, les haricots, le sarrazin, les betteraves, tabacs, courges et melons. Quand les plantes annuelles ne craignent pas le froid, on les sème en automne, parce qu'étant totalement développées dès les premiers beaux jours, elles profitent mieux du printemps que celles qu'on sème seulement dans cette saison; elles tallent davantage et rapportent beaucoup plus ; aussi sème-t-on toujours en automne une partie des céréales, telles que le froment, l'orge et le seigle, certaines espèces de pois et de fèves.

On traite les plantes bisannuelles absolument comme celles qui sont annuelles, parce qu'elles acquièrent tout le développement utile à l'agriculteur dès la première année ; on en garde seulement quelques pieds qui, replantés à la seconde, développent alors leurs fleurs et leurs fruits. A ce groupe appartiennent les raves, betteraves, choux, ainsi que les plantes vivaces qui ne supportent pas le froid, comme les pommes de terre, patates, dahlias, ainsi que les oignons.

Quant aux plantes vivaces, telles que la luzerne, comme elles se développent assez lentement et qu'elles sont passablement délicates dans leur jeunesse, on les sème au printemps avec une plante annuelle, telle que l'avoine ou l'orge, qui les abrite et utilise le sol en lui faisant produire une récolte que le fourrage semé avec elle ne peut donner qu'à la seconde année. Cette pratique n'est bonne que pour les sols légers ; dans les terres fortes, la céréale retarde le développement de la luzerne et peut même l'étouffer en partie.

Comme les graines des arbres ne conservent généralement pas longtemps la faculté de germer, on fait bien de les semer dès qu'elles sont mûres.

Dans l'Europe centrale, la végétation dure en moyenne pendant 190 jours ; elle commence quand la température atteint + 10° C et s'arrête quand elle tombe au-dessous de ce degré ; il est donc inutile de semer en automne et au printemps quand la température est descendue au-dessous de + 10° C, parce que les graines ne se développent pas, et qu'elles courent le risque de se pourrir ou d'être dévorées par les oiseaux et les souris, ce qui n'arrive que trop souvent. En thèse générale, on ne peut assez répéter que les semailles précoces sont les plus sûres et les plus lucratives.

En automne, il faut ensemencer les terres fortes plus tôt que celles qui sont légères, parce qu'étant plus froides les plantes s'y développent moins vite que dans les sols secs ; c'est l'inverse qu'on doit faire au printemps, parce que les sols légers se dessèchent si facilement, que la sécheresse y arrête bien vite la végétation quand le printemps est beau.

La quantité de semence employée varie pour la même étendue de terrain avec le volume de la semence, l'étendue qu'occupe la plante, la nature de la culture et celle du sol; de toutes ces considérations, la seconde et la dernière seules nous intéressent. Plus une plante talle et s'étend, plus aussi il faut la semer clair; le pavot, par exemple, dont la graine est tellement petite, ne doit pas être semé plus rapproché que les pois, parce qu'il devient très-rameux et que ses larges feuilles veulent pouvoir croître à l'aise.

L'expérience a appris que pour ensemencer convenablement une bonne terre ordinaire, il lui faut par hectare 450 à 600 litres d'épeautre, 180 à 250 de froment ou de seigle, 225 à 315 d'orge, 270 à 540 d'avoine, 45 à 60 de millet, 60 à 80 de maïs, 225 à 300 de pois ou de vesces, 150 à 200 de lentilles ou de sarrazin, 270 à 400 de féveroles, 18 à 20 kilogr. de graines de trèfle, 30 à 45 de luzerne, 540 à 800 litres de sainfoin, 225 à 360 litres de vesces à faucher en vert, 60 à 90 litres de spergule, 1,080 à 1,800 litres de tubercules de pommes de terre, 6 à 18 kilogr. de graine de betterave semée à la main, 3 à 6 kilog. au semoir, 5 kilogr. de raves, 3 à 5 kilog. de choux raves, 360 à 400 gr. de choux blancs, 8 à 9 kilogr. de carottes, 9 à 12 kilogr. de colza, 2 kilogr. 1/2 à 3 kilogr. de pavot, 9 à 12 de cameline, 270 à 540 litres de lin, 315 à 540 litres de chanvre, 9 à 12 kilogr. de madia, 15 à 18 kilogr. de gaude, 33 à 36 de moutarde, 10 à 12 de cumin, 21 de fenouil.

On sème les terres sèches beaucoup plus serré que celles qui sont humides, afin d'empêcher qu'elles se dessèchent trop facilement et d'arriver à utiliser tout l'acide carbonique qui s'en dégage avec l'eau qui s'évapore. C'est pour cette raison que la semaille au semoir n'est pas convenable aux terres sèches, parce qu'elle y espace trop les pieds; elle est éminemment utile, au contraire, dans les terres humides, parce qu'en faisant une économie de moitié dans la semence employée, elle dispose les pieds à égale distance les uns des autres et permet au sol de s'égoutter uniformément.

Les graines doivent être enterrées d'autant plus profondément qu'elles sont plus grosses ; l'excès est toutefois nuisible, puisqu'à un décimètre de profondeur, il n'y a plus aucune graine qui germe. Les graines très-fines, telles que celles de pavot, de tabac et de trèfle, ne doivent jamais être couvertes de plus de dix millimètres de terre ; il vaut même mieux se contenter de les fixer sur le sol en le roulant fortement. Quant au froment, aux céréales en général, aux vesces, au lin et aux pepins des arbres à fruits, ils doivent être couverts de 10 millimètres de terre. On peut en mettre 20 à 25 sur le maïs, les haricots, les fèves et les arbres fruitiers à noyaux. Les graines lèvent d'autant plus vite et plus uniformément qu'on les a plantées moins bas ; cela est tellement vrai que de deux planches d'épinards, semées l'une à côté de l'autre, avec la même graine et en même temps, celle qui avait été semée superficiellement leva de suite et en totalité, tandis que la seconde, plantée à 20 millimètres de profondeur, leva huit jours plus tard et ne développa pas la moitié de ses graines.

Nous indiquons dans le tableau ci-joint en combien de temps germent les diverses plantes usitées en grande culture :

En 3 jours :

Fèves, haricots, pois, lentilles, raves, navets et moutarde.

En 5 jours :

Carottes, melons.

En 6 jours :

Betteraves, courges et bettes.

En 8 jours :

Panais et absinthe.

En 10 jours :

Pomme de terre, choux et pimprenelle.

En 15 jours :

Topinambours.

En 30 jours :

Groseilliers et framboisiers.

En 45 jours :

Persil.

Ces données n'ont qu'une valeur relative, parce qu'elles ont été faites sur couche. En plein air, la végétation se développe en général plus lentement : les carottes, par exemple, ne lèvent souvent qu'au bout de quinze à vingt jours. La sécheresse et le froid arrêtent la végétation, qui est beaucoup accélérée par un temps chaud et humide.

Quand on tient à accélérer autant que possible le développement des plantes, on ne les sème pas en place, mais en pépinière, c'est-à-dire dans un terrain bien préparé et abrité, où on peut les semer très-serré, et où on les laisse jusqu'au moment où elles sont assez fortes pour supporter la transplantation ; c'est ce qu'on fait pour le tabac, les betteraves, les choux, ainsi que les arbres forestiers et surtout fruitiers. Une pépinière de 14 à 20 mètres carrés suffit pour produire assez de jeunes betteraves pour planter un hectare. Dans une pépinière d'un hectare, on peut élever sans peine 400,000 à 600,000 pieds d'arbres fruitiers, jusqu'à l'âge de deux ans, et on élève sur un terrain de 34 mètres carrés les arbres résineux qu'il faut pour garnir un hectare, en les espaçant à 7 centimètres dans tous les sens. Il faut que la terre des pépinières soit riche et bien entretenue, parce que toutes ces jeunes plantes en dévorent l'humus, qu'elles ne remplacent pas.

Lorsqu'on veut mettre en terre les jeunes plants élevés en pépinière, il faut les arracher avec toutes les précautions possibles, afin que leurs racines ne soient pas endommagées, et les planter de suite. Quand la transplantation n'est pas immédiate, on met les replants à l'ombre dans de la terre humide ; il vaut mieux retarder la plantation que de l'effectuer par la sécheresse, qui tue beaucoup des jeunes plantes lorsqu'on ne les arrose pas, ce qui est presque impossible dans la grande culture. La méthode des pépinières ne peut être assez recommandée pour tous les végétaux qui supportent la transplantation et qui en paient les frais, tant parce qu'on peut mieux soigner les jeunes plantes que parce qu'elles arrivent très-fortes, et par conséquent avec une réussite assurée dans les champs.

Les boutures sont des parties plus ou moins considérables d'un végétal, qui sont capables de le reproduire après qu'on les en a détachées. Les bourgeons qui se développent à l'aisselle des feuilles du lis tigré, les feuilles de l'oranger et de la cardamine des prés, les éclats de racines des framboisiers et des coignassiers, le bout des branches des saules, des pins, des rosiers, servent à en faire des boutures, qui s'enracinent facilement en général, très-difficilement pour les arbres fruitiers, quoique les Chinois ne les multiplient guère que par ce procédé ; il faut donc qu'ils les mettent dans des conditions que nous ignorons encore. Peu de plantes se multiplient aussi aisément de boutures que la vigne, dont il suffit de détacher les nœuds des sarments et de les planter, pour que chacun d'eux produise une plante.

Pour que les boutures reprennent, on doit les placer dans un sol divisé et frais, en détacher toutes les feuilles et empêcher le soleil de les frapper directement ; toutes ces précautions ont pour but de les empêcher de se dessécher, ce qui arriverait infailliblement dans le cas contraire, aussi longtemps que leurs racines ne sont point assez fortes pour enlever l'eau à la terre en quantité suffisante pour remplacer celle que la jeune plante cède à l'air. On facilite beaucoup la poussée des racines en couvrant les boutures d'une cloche qui, rendant toute évaporation impossible, place les boutures dans les meilleures conditions possibles. On aère peu à peu, à mesure que les jeunes plantes se fortifient, puis on replante à distance. D'autres fois encore, on prépare quelques mois à l'avance les branches qu'on veut bouturer en les serrant avec un anneau en fil de fer qui, en arrêtant la sève descendante, produit au-dessus de la partie liée un bourrelet d'écorce rugueuse. Quand le bourrelet est bien formé, on coupe la branche au-dessous de lui, et on la traite comme une bouture simple ; ses racines sortent alors rapidement du bourrelet.

En général, la présence des nœuds favorise beaucoup la poussée des racines ; c'est toujours de leurs nœuds que poussent les racines de la vigne, de la garance, des joncs et des nénuphars, en sorte qu'il faut choisir les branches noueuses pour en faire des boutures. Le jeune bois s'enracine beaucoup plus facilement que celui qui est âgé ; aussi y a-t-il beaucoup de plantes qu'on ne peut multiplier, comme les conifères, par exemple, qu'avec des branches encore vertes et molles.

Les marcottes se font en couchant en terre les branches sans les détacher de la plante mère avant qu'elles aient pris racine ; c'est ainsi qu'on multiplie les végétaux dont la reprise est très-difficile par les boutures ; on marcotte la vigne dans certains cas.

La multiplication par éclats et rejetons est la plus usitée pour les framboisiers, les groseilliers, coignassiers, mûriers, pruniers, acacias, peupliers, houblon, garance et patates ; elle est aussi sûre que commode.

Pendant leur croissance, toutes ces plantes exigent des soins qui se résument à tenir autour d'elles le sol meuble et propre, et à leur fournir l'engrais et l'eau nécessaires à leur végétation. Ayant traité ce sujet dans la *Chimie du sol*, nous n'avons pas à y revenir ; mais nous indiquerons, en traitant de chaque plante, la culture qui lui convient le mieux.

On améliore et multiplie les arbres en les greffant, c'est-à-dire en transportant un bourgeon d'une bonne espèce sur une autre qui ne vaut rien. La greffe est donc une bouture qu'on fixe sur une plante au lieu de la mettre en terre ; du reste, le mode de développement est le même : le bourgeon s'empare de la sève du sujet et se l'approprie, puis il se développe en formant du bois qui se colle peu à peu à celui du sujet, auquel il finit par s'unir de la façon la plus intime. On ne peut greffer avec des bourgeons que sur des parties vertes, tandis qu'on peut greffer sur les bois les plus âgés en introduisant dans leur liber une branche qu'on ne détache de l'arbre qui l'a produite que lorsqu'elle s'est unie avec celui qu'on veut greffer : c'est la greffe en approche, à l'aide de laquelle M. Hardy a réalisé, dans le beau jardin du Luxembourg, ces tours de force qui font de ses arbres fruitiers des sujets uniques par leur beauté et leur fécondité. La greffe en approche n'est point assez usitée pour la construction des haies, dont toutes les branches, soudées entre elles, feraient ainsi un rempart impénétrable.

Nous cultivons les végétaux pour en retirer des fourrages, des fumiers ou de la fécule, de l'huile, de la fibre textile ou du fil, différents produits industriels, tels que des couleurs, des résines, des essences, puis enfin des fruits charnus ou du bois ; chacun de ces produits formera une division dans laquelle nous rangerons les végétaux qui en fournissent le plus. Parlons donc d'abord des *fourrages*.

On divise les fourrages en herbages proprement dits, qui ne sont destinés qu'au bétail, et en fourrages racines, qui font le passage des herbes aux céréales, et qui servent aussi de nourriture à l'homme. La majeure partie de l'herbe est fournie par les prairies, qu'on appelle naturelles lorsqu'elles sont essentiellement formées de graminées de diverses espèces, et artificielles quand elles ne contiennent qu'une seule espèce de plantes, comme le trèfle, le sainfoin, le brôme géant ou le seigle. Le rapport des prairies varie beaucoup avec la nature des plantes qu'on y cultive, avec la richesse du sol, l'exposition et la possibilité des irrigations ; dans les pays chauds, le rapport des prairies irriguées dépasse toute idée et fait la richesse de leurs heureux propriétaires. Quand on veut créer une prairie, il faut en choisir les herbes en rapport avec la nature du sol et l'espèce de bétail auquel on la destine ; ce sont les graminées et les papilionacées qui conviennent le mieux. Dans les pâturages, on introduit d'autres plantes à larges feuilles que le bétail recherche beaucoup en vert, mais qui ne font pas de bon foin. Voici l'indication des meilleures plantes à employer pour les prés et pâturages très-secs : *aira flexuosa, alopecurus pratensis, avena elatior* ; elles donnent d'énormes produits dans les bonnes terres, surtout dans les terrains irrigués ; *bromus giganteus* et *bromus mollis, cynosurus cristatus, dactylis glomerata*, ortie commune, qui est trop peu cultivée et qu'il faut laisser se faner avant de la donner au bétail, afin qu'il ne soit pas blessé par les poils piquants de cette plante, dont les produits sont énormes et excellents. Toutes les fétuques conviennent aux terres sèches.

La *melica ciliata* et le *poa pratensis* ne craignent pas le sec. Le *lolium perenne* veut être irrigué, de même que le *phalaris arundinacea* ; mais leur foin est dur et ne convient qu'aux chevaux. Toutes les plantes que nous venons de nommer ont les feuilles étroites ; les suivantes les ont plus larges ; ce sont : l'*achillea millefolium, astragalus glycyphyllos, hedysarum onobrychis, lotus corniculata*, lupuline, pimprenelle, qui conviennent aux terres sèches ; pour les terres moyennes et profondes, on emploie le *leontodon taraxacum*, trèfle, luzerne et chicorée.

Quand la terre est humide, on y sème : *phalaris arundinacea, agrostis palustris* et *agrostis stolonifera* ; ce dernier est le plus productif ; *alopecurus geniculatus, bromus giganteus, phleum pratense* et *poa aquatica*.

La composition du foin de graminées varie avec l'humidité du sol et celle des plantes qui y croissent. Le foin de montagne est formé de :

Eau	14
Viande	10
Sucre, fécule et gomme	47
Graisse	2
Ligneux	22
Cendres	5
	100

Celui de marais contient :

Eau 16
Viande..................... 10
Sucre, fécule et gomme 43
Graisse 2
Ligneux.................... 26
Cendres................... 3
                          ———
                          100

On trouve dans le foin de trèfle :

Eau 17
Viande.................... 13
Sucre, fécules et gomme..... 30
Graisse................... 3
Ligneux................... 31
Cendres................... 6
                          ———
                          100

Celui de chicorée lui ressemble beaucoup ; il est formé de :

Eau 15
Viande 13
Sucre, fécule et gomme 37
Graisse................... 3
Ligneux................... 12
Cendres................... 20
                          ———
                          100

Pour que le foin soit aussi nutritif que possible, il doit être fauché en fleur ; plus tôt ou plus tard, il n'a pas ou perd de sa force alimentaire, ainsi que le prouvent les analyses ci-dessous, relative à du foin de luzerne récolté en Saxe : I, le 24 avril ; II, le 22 mai, et III, le 3 juillet. Il était composé de :

	I.	II.	III.
Eau.......................	17	17	17
Viande....................	29	22	15
Sucre, fécule et gomme..	28	29	21
Ligneux...................	18	23	40
Cendres...................	8	9	7
	100	100	100

La densité du foin varie avec les espèces de plantes qui le composent ; elle est en général de 0,1 à 0,6. Un quintal métrique de foin de prairie occupe en général un espace de 12 mètres cubes au moins ; celui d'esparcette, de trèfle et de luzerne va jusqu'à 20 mètres cubes.

Le terrain qu'on veut transformer en prairie doit avoir été labouré et divisé avec le plus grand soin ; plus on y met de fumier, ou, mieux encore, de compost, plus aussi ses produits sont considérables ; on ensemence en automne quand on a affaire à des terres très-sèches ; dans le cas contraire, au printemps, en employant 20 à 50 kilogr. de graine par hectare, suivant son poids spécifique ; on herse et roule avec soin plusieurs fois de suite, afin de tasser la terre autour des graines.

Quand on sème le trèfle, on prend 15 kilogr. de sa graine pour 15 kilogr. de graines de graminées par hectare. Si l'herbe est belle, on peut la faucher dès la première année ; mais on ne doit jamais pâturer, afin d'éviter que le bétail arrache les jeunes plantes. Une fois la prairie établie, on y doit favoriser l'écoulement des eaux par un système bien entendu de canaux souterrains, puis la fumer en couverture, ou biner quand elle se fatigue. Pour la rafraîchir, en lui faisant pousser de nouvelles racines, on charrie de bonnes terres sur les prés, dans la proportion de 320 quintaux, soit 32 voitures à deux chevaux par hectare. On ne peut assez recommander l'irrigation des prés ; en automne, elle favorise le tallement de l'herbe, et au printemps sa croissance. Il faut éviter d'inonder, ce qui fait pourrir les herbes lorsqu'elles sont un peu hautes, et d'irriguer quand la gelée est à craindre. On fauche les prairies quand les plantes ont acquis tout leur développement, c'est-à-dire au moment où elles se mettent à fleurir ; plus tôt elles sont trop aqueuses, plus tard elles ont perdu la plus grande partie de leurs matières nutritives et ne donnent qu'un foin pauvre et dur. Un bon faucheur abat un quart d'hectare par jour ; l'hectare rend de 10 à 200 quintaux métriques de foin, correspondant au triple d'herbe verte ; une femme sèche 8 à 10 quintaux de foin par jour. Les bonnes prairies donnent toujours une seconde coupe appelée regain, qui pèse en général moitié autant que le foin ; il est beaucoup plus nutritif et ne convient qu'aux jeunes bêtes et à celles qu'on engraisse.

Il est important de laisser l'herbe sécher assez sur la terre pour qu'elle n'éprouve pas dans la grange une fermentation vive, qui devient quelquefois assez active pour développer un incendie. Il est plus important encore de ne pas trop la sécher, ce qui lui ôte de sa faculté nutritive en en rendant la digestion beaucoup plus difficile. Au moment où on les enlève des prés, les foins doivent conserver assez d'élasticité pour ne pas se briser net lorsqu'on les ploie brusquement. Quand on est surpris par la pluie, on se hâte de mettre l'herbe en gros tas coniques, dans lesquels la fermentation se développe bientôt ; dès qu'elle est amenée au point de brûler la main qu'on y introduit, on profite du premier instant de beau temps pour défaire la meule et en éparpiller l'herbe, qui se dessèche très-vite après avoir subi cette demi-cuisson qu'on doit éviter autant que possible d'employer, parce qu'elle enlève à l'herbe presque tout son sucre, qui est très-utile au bétail. Le foin encore humide ne s'enflamme pas quand on le stratifie avec des couches alternatives de paille, ou bien qu'on le sale avec un kilogr. de sel pour 1,000 de foin ; ce dernier procédé donne d'excellents résultats. Le foin convenablement desséché sur le pré perd en un an, dans le grenier, 15 à 20 p. 100 de son poids initial par l'oxydation lente de ses principes solubles ; on doit donc soigneusement éviter de garder le foin pendant plus d'une année.

L'herbe couverte de boue doit être lavée avant que d'être séchée ; elle ne donne jamais qu'un pauvre fourrage qu'on doit employer avec circonspection, parce qu'il produit beaucoup de poussière qui nuit gravement aux poumons du bétail.

Les prairies artificielles ont l'énorme avantage de fournir beaucoup plus, et de meilleur fourrage, que les prairies naturelles ; leur rapport est plus régulier, et comme elles laissent dans le sol beaucoup de débris organiques, tout en donnant d'énormes produits, elles sont fertilisantes. Les plantes les plus importantes pour cette culture sont les papilionacées ; les autres appartiennent à diverses familles. Etudions-les, les unes après les autres, et avec le soin qu'elles méritent, puisque c'est à elles que l'agriculture doit ses plus grands progrès, venus de l'abondance des fourrages qu'elles fournissent. Les prairies artificielles occupent plus ou moins longtemps le sol ; celles qui y restent pendant moins d'un an sont appelées *dérobées*, et ne sont pas très-fertilisantes ; aussi n'en fait-on usage que lorsqu'on y est forcé par la non réussite des prairies artificielles proprement dites. On sème les fourrages dérobés dans le courant de l'été, et on les coupe en automne, ou bien aussi au printemps, quand ils résistent, comme le seigle, aux hivers les plus froids. Les récoltes dérobées vont nous occuper d'abord.

Le *seigle* est un des fourrages les plus précieux ; on le fauche dès qu'il monte en épis, en ayant soin de ne pas le couper trop bas ; on peut en tirer trois coupes successives. Il constitue un fourrage si nourrissant qu'on ne doit jamais le donner seul, surtout au début ; on le mélange avec un dixième au moins de paille hachée. Cette plante est tellement vigoureuse, que lorsqu'on la sème dans des terres trop riches, on est forcé de la faucher une fois avant de laisser épier, pour l'empêcher de verser. Il donne environ 150 quintaux métriques de fourrage vert.

Le *maïs* est, de tous les fourrages verts, celui qui donne les produits les plus abondants et les plus excellents ; semé à la fin de l'été, à la volée, il permet de remplacer la récolte de foin qu'un printemps sec a fait manquer. Le seul inconvénient du maïs est d'être difficile à sécher ; aussi les agriculteurs l'administrent-ils généralement en vert. Les millets donnent aussi d'excellents produits, caractérisés, comme ceux du maïs, par leur richesse en sucre ; mais ils sont beaucoup moins abondants : le maïs donne environ 200 quintaux de fourrage vert.

Le *moha* exige des terres fertiles, fraîches, et un ciel chaud ; cette plante donne beaucoup, mais ne réussit bien que sous l'influence de nos plus beaux étés.

La *spergule* est le fourrage des sables, et de toutes les terres légères lorsqu'elles sont fraîches : c'est elle qui fertilise les sables du nord de l'Allemagne. On la sème en juin ; elle donne 15 à 20 quintaux de foin, soit le triple en vert. Cette plante est éminemment nutritive. Elle doit être bien riche en sucre ou en graisse, parce qu'elle favorise beaucoup la formation du beurre dans le lait des vaches qu'on en nourrit.

Quand il s'agit de remplir le vide causé dans le grenier à foin par le manque presque total de ce précieux aliment, on crée des prairies artificielles momentanées, en se servant de divers mélanges de graines dont on emploie 70 à 80 litres par hectare ; le mélange habituel se fait avec 6 parties de vesces, 4 d'avoine, 1 de pois et 1 de féverolles ou de maïs. Dès qu'on voit que la récolte du foin se montre mal, on sème une quantité suffisante de terrain, de quinze jours en quinze jours, avec ce mélange, qui donne de 27 à 54 quintaux métriques de foin ; en vert, ce fourrage vaut un peu moins que le trèfle. Quelquefois on se sert aussi d'un mélange de vesces et d'avoine, ou de vesces et de maïs ; ce dernier est très-productif. Il est employé avec succès, depuis bien des années, par M. Cornaz de Montet, un des plus habiles cultivateurs du canton de Vaud, sur des terres très-fortes.

On fait les prairies artificielles permanentes avec l'une ou l'autre des plantes suivantes : le *trèfle* rouge commun a été la première plante appliquée à la création des prairies artificielles ; il a été introduit en 1567 par le Vénitien Camille Torello, dont le nom se place à côté de celui de Parmentier, auquel nous devons la pomme de terre. Il veut un climat humide, un sol profond, meuble, fertile et frais ; il ne dure qu'un an et peut revenir tous les trois ans sur le même terrain. On le sème généralement au printemps avec une céréale, ou en automne sur une récolte sarclée ; il faut 20 à 30 kilogr. de graine par hectare. On fait bien de le semer en été avec le *phleum pratense*, ou le *bromus grossus*, qui en facilitent la dessiccation et lui enlèvent la faculté de gonfler le bétail. On doit arroser le trèfle avec du lizier et le fumer en couverture avec de l'engrais bien consommé ; c'est, avec la luzerne, la plante sur laquelle le gypse exerce l'action la plus énergique. Il donne 60 à 100 quintaux de foin, plus 2 à 3 quintaux de graine, si on laisse monter la seconde coupe. Le trèfle divise et prépare bien le sol ; aussi tous les végétaux viennent-ils facilement après lui, surtout les céréales d'automne.

Le *trèfle incarnat* sert à remplacer le trèfle rouge lorsqu'il manque ; il croît très-vite, supporte assez bien le sec et ne donne qu'une coupe ; le bétail ne l'aime pas beaucoup, quoiqu'il finisse par s'y habituer. Quand il est en fleurs, il est dangereux pour les chevaux, parce que son calice épineux irrite leur estomac et les fait périr. On le sème à la dérobée aussi, en juillet, à la dose de 24 à 30 kilogr. par hectare, qui donne en moyenne 30 quintaux de foin. La superbe fleur de ce trèfle lui a ouvert la porte de beaucoup de jardins ; quand les champs sont en pleine floraison, ils offrent un aspect encore plus ravissant que celui des champs de sainfoin, qui ont l'air d'être semés de roses.

Le *trèfle blanc* est un excellent fourrage à pâturer : il ne s'élève pas assez pour donner beaucoup de foin, parce qu'il trace fortement. On le sème la moitié moins dru que le rouge ; comme il résiste bien à la sécheresse et qu'il fleurit toute l'année, il constitue une pâture aussi abondante que saine pour les abeilles.

La *luzerne* donne un fourrage aussi bon et souvent plus abondant que le trèfle. Voici l'analyse du trèfle et de la luzerne ; ces deux plantes contiennent en moyenne :

	Trèfle.	Luzerne.
Albumine	1,86	2,00
Fécule	2,39	2,50
Sucre	1,34	1,78
Gomme	3,43	3,53
Graisse et résine	1,06	1,38
Ligneux	13,35	13,88
Eau	76,57	74,93
	100,00	100,00

Cette composition indique suffisamment pourquoi les fourrages sont tellement nutritifs, puisqu'elle démontre que dans 100 kilogrammes de foin il y a en moyenne :

8 kilogrammes		de viande.
10	—	de fécule.
7	—	de sucre.
15	—	de gomme.
5	—	de graisse et résine.
55	—	de bois.
100 kilogr.		

Les fourrages contiennent donc tous les éléments nécessaires au développement du corps animal, dont l'estomac n'a que la peine de les faire passer dans le sang.

La luzerne est le trèfle des terres sèches, dans lesquelles ses racines prodigieusement fortes et longues lui permettent de braver les sécheresses toutes les fois que le sol est profond ; elle aime les expositions chaudes et reste jusqu'à vingt ans dans les terrains qui lui conviennent ; en Suisse, les luzernières s'appauvrissent dès leur septième année. On sème la luzerne comme le trèfle, avec une céréale, au printemps, dans une terre très-profondément remuée, où elle enfonce ses racines à 30 centimètres dès la première année et 1 mètre à la seconde ; elles atteignent souvent jusqu'à 3 mètres de longueur en prenant le diamètre du bras. On emploie 25 à 30 kilogr. de graines par hectare, qui donne annuellement, en trois ou quatre coupes, 80 à 160 quintaux de foin. En Catalogne, j'ai vu des champs de luzerne donner onze pleines coupes par an, et rapporter plus qu'aucune autre culture. Dans les pays froids, on doit laisser la dernière coupe, parce que si la gelée surprend ces plantes immédiatement après qu'elles ont été fauchées, elle les saisit et les fait facilement pourrir pendant l'hiver. Quand la luzerne a trois ou quatre ans, on la laisse monter ; elle donne 5 à 8 quintaux de graines. On fume la luzerne en couverture avec du lizier, du gypse et de l'engrais bien consommé ; on enlève les mauvaises herbes en la hersant très-fortement en automne, ou bien au printemps, avant ou après les gelées.

Le plus grand ennemi de la luzerne est la cuscute frêle convolvulacée, dont les tiges blanches se fixent par des suçoirs sur celles de la luzerne et les fait périr en les étouffant. Dès qu'on voit apparaître cette terrible parasite, on fauche l'endroit infecté ; on le couvre de paille sur laquelle on place les tiges de luzerne chargées de cuscute, puis on met le feu au tout. Il faut bien se garder de donner au bétail de la luzerne chargée de cuscute, parce que c'est le plus sûr moyen de répandre cette terrible parasite. En effet, ses graines petites et dures glissent sous la dent des bestiaux, traversent le tube intestinal et passent dans le fumier, avec lequel on les porte sur les champs.

Toutes les récoltes s'accommodent d'un sol préparé par la luzerne. La luzerne craint l'eau stagnante encore plus que le trèfle ; aussi vient-elle mal dans les bas-fonds. Si le trèfle et la luzerne font la richesse des terres fertiles, fraîches et profondes, l'*esparcette* ou *sainfoin* est la ressource des sols arides et brûlés par le soleil, quelle que soit leur profondeur, car à Neuchâtel, nous la cultivons dans des terres qui n'ont que quelques centimètres de profondeur, et d'où elle s'avance jusque sur des rochers où elle s'attache, et qu'elle finit par recouvrir de terre. Nous l'avons vue effacer ainsi d'un de nos plus beaux domaines un rocher horizontal qui déparait singulièrement une prairie déjà brûlée par le soleil ; depuis plusieurs années, et grâce au sainfoin, la charrue passe là où jadis il ne venait pas un brin d'herbe. On la sème comme le trèfle, au printemps, à la dose de 5 hectolitres par hectare. La meilleure graine vient des vieilles plantes, qui en donnent 15 à 18 hectolitres par hectare. On soigne le sainfoin comme la luzerne ; il peut durer jusqu'à quinze ans. On ne doit le pâturer qu'après sa deuxième année, pour éviter qu'il soit ébranlé par la dent du bétail, ce qui en arrête la croissance ; il donne par hectare 30 à 120 quintaux d'excellent foin très-recherché par les herbivores. Toutes les plantes viennent bien après le sainfoin, sauf le seigle ; les pommes de terre sont, de toutes les plantes qu'on cultive sur l'esparcette, celle qui profite le plus de ses débris.

La *pimprenelle* est encore une plante utile aux terres sèches ; on ne peut l'utiliser que par le pâturage, parce qu'elle s'effeuille quand on la sèche ; c'est un excellent fourrage vert, qui résiste aux sécheresses les plus intenses.

La *consoude du Caucase* et la chicorée à café prospèrent dans les sols riches, frais et profonds, où elles donnent des produits énormes ; on les cultive comme la luzerne, à ceci près que la dernière est arrachée dès la seconde année, et sa racine distribuée aux porcs quand elle ne sert pas à la fabrication du café de chicorée.

D'autres fourrages sont retirés des feuilles des arbres, surtout de celles des saules, des peupliers, des aulnes et des mûriers ; ils sont excellents, malheureusement difficiles à recueillir ; nous y reviendrons en traitant des forêts.

Les *choux à feuilles* donnent beaucoup de vert ; le meilleur est le branchu du Poitou, qui est d'une grande ressource pour l'hiver. Au printemps, on en fend le tronc succulent, que le bétail recherche avec avidité.

Les *topinambours* fournissent par leurs tiges un excellent fourrage sec que les moutons mangent avec avidité à cause de sa richesse en sucre ; ils en donnent jusqu'à 75 quintaux par hectare. On ferait donc bien d'employer les tiges de ces plantes à l'alimentation du bétail, plutôt qu'au chauffage des fours, pour lequel elles sont d'une bien mince utilité.

On commence à cultiver beaucoup les *courges* comme fourrage, et on a raison, partout où le sol est assez frais, car leur rapport est très-considérable, et le bétail en recherche avec avidité les fruits, qui se conservent sans peine jusqu'au mois d'août quand on les met à l'abri de la gelée. On les sème en mai, en en mettant 3 ou 4 graines gonflées dans l'eau, dans des fosses d'un mètre de diamètre et de 30 centimètres de profondeur, remplies de fumier consommé qu'on recouvre avec 2 centimètres de bonne terre. On les espace à 3 ou 4 mètres, et on tire 150 à 180 quintaux de fruits dont les graines contiennent beaucoup d'une excellente huile. Les grosses courges sont formées de :

<pre>
Albumine................   0,21
Graisse et résine.........   0,11
Sucre, gomme et fécule...   2,20
Cendres................   2,30
Ligneux   1,03
Eau....................   94,15
                         ―――――
                         100,00
</pre>

On fait bien de ne pas les donner seules, à cause de leur richesse en eau ; on les administre hachées avec du foin ou de la paille.

On appelle fourrages-racines les plantes qu'on cultive pour alimenter le bétail avec leurs racines ; leur type est la pomme de terre. La culture des fourrages-racines fournit un excellent succédané à l'herbe pendant la morte saison ; on les administre après les avoir hachés et mêlés au foin et à la paille. Comme tous les végétaux appartenant à ce groupe exigent une culture très-soignée, ils servent à nettoyer le sol, parce que les fréquents buttages et binages qu'ils exigent enlèvent toutes les mauvaises herbes ; ils épuisent beaucoup la terre, parce qu'ils ne lui laissent absolument rien ; aussi ne peut-on les cultiver avec avantage que lorsqu'on a beaucoup de fumier et à bon compte.

La *pomme de terre* présente une multitude d'espèces qu'on peut ramener à deux classes comprenant, l'une celles qui sont précoces, l'autre les tardives. Cette plante, originaire des hautes montagnes du Pérou, ne convient pas du tout aux terres basses et humides, où elle pourrit facilement ; elle ne donne de bons et abondants produits que dans les terres sèches, riches et meubles. Les tubercules venus dans les terres sèches ont la peau mince et la chair farineuse et sèche, tandis que ceux des terres humides ont la peau épaisse, coriace, et la chair visqueuse et lardacée. Comme cette plante craint le fumier récent, on ne lui en donne que de bien consommé, ou bien on fume le terrain en automne ; l'engrais frais la pousse en herbe, développe la gomme dans les tubercules et les rend aqueux et lardacés, tout en y favorisant la pourriture.

On multiplie généralement ce précieux végétal à l'aide de ses tubercules ou tiges souterraines, et on conserve dans ce but ceux qui sont les plus petits ; c'est un abus d'où résulte l'abâtardissement des meilleures espèces, parce que ces petits tubercules n'étant pas mûrs, ils ne produisent que des plantes faibles et imparfaites. On doit multiplier la pomme de terre en prenant ses plus gros tubercules, qu'on coupe de manière à laisser sur chaque tranche un ou deux germes ; on laisse les tranches vingt-quatre heures dans un endroit sec, afin de les sécher un peu, ce qui fait qu'elles ne se pourrissent pas en terre, et on les plante, comme d'habitude, le plus tôt possible, afin d'en hâter la maturation. On espace les pieds à 15 centimètres dans les lignes, distantes entre elles de 60 centimètres ; on diminue la distance dans les terres sèches et pour les espèces tardives, parce qu'elles donnent peu d'herbe. La multiplication par semis ne fournit de gros tubercules qu'à la seconde année ; elle donne une foule de variétés. On doit choisir la graine bien mûre et sur de bonnes espèces ; nous devons recommander, sous ce rapport et sous beaucoup d'autres encore, les bleues, qui, dans un seul semis, nous ont donné neuf nouvelles variétés de toutes couleurs, mais toutes productives, farineuses et parfaites. On butte d'autant plus fortement et souvent, que la terre est plus forte ; dans les terres légères, on se borne à sarcler superficiellement, afin de ne pas dessécher davantage le sol. Couper l'herbe des pommes de terre, c'est en diminuer beaucoup la récolte, qui semble être en rapport direct avec le nombre et le développement des feuilles. Il en est tout autrement du développement des tiges, qui est évidemment préjudiciable à celui des tubercules et qui épuise le sol en pure perte, en sorte que les pommes de terre dont les fanes sont grosses et longues doivent être absolument rejetées. Une variété excessivement productive, mais tardive, est la Chandernagor, dont les tubercules sont noirs, et la chair jaune parsemée de larges veines du plus beau violet. Elle est excellente ; mais sa couleur, peu appétissante, la fait éloigner de nos tables. Elle ne devrait cependant pas la faire bannir des étables, car elle est de parfaite garde et vaut autant que l'américaine tardive. L'hectare donne de 180 à 300 hectolitres ; la pomme de terre rapporte quatre fois autant que le froment. Les fanes sont un fourrage dangereux : on les laisse en terre ; quant aux tubercules, on les fourrage crus ou cuits à la vapeur. Ce dernier mode est préférable, parce qu'il favorise la digestion et qu'il déplace les traces de solanine, ou poison des pommes de terre, qui peuvent exister dans leur enveloppe. Les pommes de terre sont employées à la fabrication de la fécule et de ses dérivés : dextrine, sucre de raisin, alcool et acide acétique. La quantité de fécule varie de 5 à 26 p. 100, suivant l'espèce et le terrain dans lequel elle a crû ; la bleue contient :

Fécule.........................	23
Albumine.....................	2
Gomme et sels minéraux.....	6
Eau	69
	100

La maladie des pommes de terre ou pourriture humide est l'effet des étés humides qui ont réagi, depuis quelques années, d'une manière fâcheuse sur tous les autres produits de la terre ; elle a sévi avec une déplorable rigueur partout où, aux influences atmosphériques, l'homme est venu en ajouter d'autres, à savoir : la fumure avec de l'engrais frais, le choix des petits tubercules pour la plantation et un terrain plat ou exposé aux infiltrations.

Le *topinambour* est la pomme de terre des terrains humides et froids, quoiqu'il vienne aussi jusque sur les coteaux les plus arides ; c'est une plante qui mérite qu'on s'en occupe, tant à cause de l'abondance de ses produits que de sa rusticité et de son utilité pour l'alimentation du bétail, qui la mange avec avidité. Cette plante utilise beaucoup l'engrais ; elle est éminemment fertilisante, et peut revenir sans cesse sur le même terrain, où elle donne 20 à 60,000 kil. de tubercules par hectare, et 7 à 7,500 kil. de tiges sèches garnies de leurs feuilles. Cette plante ne craint point la gelée ; aussi ne l'arrache-t-on qu'au printemps, au fur et à mesure des besoins ; on la fourrage avec le tiers de son poids de foin. Les produits du topinambour sont infaillibles et bien économiques : on ne le fume que tous les trois ans ; aussi ne peut-on pas comprendre l'oubli dans lequel est tombée cette plante. La feuille contient 86,40 p. 100 d'eau ; la racine est formée de :

Sucre de raisin	14,70
Albumine................	3,12
Inuline.................	1,86
Gomme..................	1,29
Graisse et essence	0,20
Ligneux	1,50
Cendres	1,29
Eau....................	76,04
	100,00

L'énorme proportion de sucre contenue dans les topinambours les rend éminemment propres à la fabrication de l'alcool et du vinaigre.

Les *betteraves*, fort aimées par le bétail, ont acquis dans les cultures une place très-importante depuis qu'on en extrait le sucre ; elles constituent une des preuves les plus fortes qu'on puisse appeler à l'appui du système que nous défendons, et suivant lequel chaque climat ne doit cultiver que les plantes qui lui conviennent ; il n'y a qu'à les bien choisir. C'est ce qu'on a fait pour la betterave, qui a déplacé les coûteux produits de la canne à sucre, tout en développant les cultures sarclées de la façon la plus heureuse pour le présent et l'avenir des terres. Il y a peu de racines qui présentent une diversité aussi grande de formes et de couleurs. Les betteraves à sucre les plus riches sont les blanches, puis les jaunes, et enfin les rouges à chair blanche. Parmi les blanches, les plus sucrées sont celle de Bourgogne et surtout celle de Silésie, qui est formée de :

8

Sucre de canne............	8,0 à 12
Gomme....................	2,5
Albumine..................	2,5
Sels......................	1,5
Ligneux	7,2
Eau......................	78,3
	100,0

Le produit d'un hectare est de 30 à 60,000 kilogr. de racines, soit en moyenne de 40,000 kilogr., qui donnent 2,400 kilogr. de sucre. L'hectare de cannes à sucre donne 76,000 kilogr. de cannes, d'où on tire 9,200 kilogr. de sucre, soit trois fois plus que n'en donne la betterave ; mais, tandis que le résidu de la canne à sucre n'est bon qu'à brûler, celui de la betterave sert encore à l'alimentation du bétail, ce qui diminue d'autant les frais d'extraction. La betterave veut un sol frais, bien remué, léger et profond, puisqu'elle y descend quelquefois jusqu'à 60 centimètres ; elle craint beaucoup le fumier frais, surtout celui de mouton et de cheval, et plus encore les vidanges, qui la remplissent de salpêtre et en diminuent considérablement le sucre, parce qu'ils accélèrent sa végétation. Quand on est forcé de fumer directement ces racines, on leur applique de l'engrais bien consommé. En général, on sème les betteraves en place, et on a tort, parce que la végétation n'en est pas assez avancée durant les grandes chaleurs qui y développent le sucre. La betterave mûrit comme le raisin ; elle doit donc avoir acquis tout son développement quand la chaleur survient. On atteint ce but en semant les betteraves en pépinière et les repiquant dès qu'elles sont assez fortes ; ces frais sont largement payés par la vigueur de leur croissance, qui augmente les produits d'un dixième du poids total, et plus encore.

On coupe les feuilles seulement avant d'arracher les racines ; un hectare en donne 45 à 90 quintaux qu'on laisse généralement sur le champ. On peut cependant les employer comme fourrage, après les avoir salées et mises à fermenter avec de l'eau dans des cuves où on les comprime à l'aide de planches chargées de pierres. Grâce à cette préparation, elles peuvent être ajoutées au foin et mangées sans danger, ce qui n'est pas le cas lorsqu'elles sont fraîches, car elles agissent comme un violent purgatif et donnent au lait des propriétés émétiques dont les consommateurs vont souvent chercher la cause partout ailleurs que chez leurs laitiers. La racine n'est pas non plus exempte des caractères purgatifs des feuilles; elle constitue néanmoins un excellent aliment pour toutes les bêtes laitières.

Depuis que la vigne nous refuse ses produits, on cultive beaucoup la betterave pour la distiller, et on la fait rapporter beaucoup plus que ce qu'elle donne quand on en extrait le sucre; pour cela, on en exprime le jus, qu'on distille après l'avoir fait fermenter comme le jus des raisins.

Les *raves* craignent encore moins l'humidité que les betteraves; elles sont le fourrage par excellence sous le ciel brumeux de l'Angleterre, où on les emploie à l'engraissement du bétail et comme pâturage d'hiver pour les moutons, ce qui est impossible chez nous, à cause de la rigueur de l'hiver. Ces racines sont formées de :

Sucre	2,0
Gomme	1,5
Albumine	1,5
Sels	1,5
Ligneux	5,2
Eau	88,3
	100,0

Elles contiennent généralement beaucoup plus d'eau, puisqu'on y en trouve jusqu'à 92 p. 100. On sème les raves de juin en août à la dérobée, et seules quand la sécheresse n'est pas à craindre. Dans le cas contraire, on y ajoute du sarrazin, qui les abrite jusqu'au moment où elles sont assez fortes pour ne plus craindre un soleil trop ardent ; alors on les sarcle et les bine avec soin. Quand on brise le pivot des raves en leur faisant faire un demi-tour sur elles-mêmes, on développe autour de lui beaucoup de chevelu qui favorise assez la croissance de la racine pour qu'elle devienne deux ou trois fois plus grosse que celles qu'on a laissées se développer d'une manière normale. Ce fait prouve une fois de plus que les racines absorbent de la nourriture directement assimilable, car nous ne pensons pas qu'on puisse attribuer à l'acide carbonique seul l'énorme accroissement qu'elles prennent en fort peu de jours. On arrache d'octobre en novembre, et récolte 40 à 60,000 kilogr. de racines et 20 à 40,000 kilog. de feuilles, qui pèsent sèches 1,800 kilogr. à 3,600 kilogr. Comme les raves se gâtent rapidement, on les donne d'abord au bétail, puis les betteraves, les carottes, les choux-raves, et enfin les pommes de terre. Si les raves se décomposent si aisément, elles le doivent à leur richesse en eau et en albumine. Les raves sont un exellent fourrage pour les bêtes à l'engrais; mais elles ne valent rien pour les vaches laitières, au lait desquelles elles donnent un mauvais goût.

Les *choux-navets* ont plusieurs variétés à racines blanches et jaunes; ces dernières portent le nom de rutabaga ou navet de Suède; elles sont très-sucrées, et spécialement cultivées pour l'alimentation humaine. C'est un bon légume et un excellent fourrage qui veut la terre et la culture de la betterave, mais qui supporte mieux qu'elle le froid et les terres fortes. Les choux-navets exigent, comme tous les choux, une fumure forte et récente. On les sème sur couche en mars, pour les repiquer en mai, à 60 centimètres en tout sens; ils rapportent 40 à 60,000 kilogr. de racines qui contiennent 87 p. 100 d'eau, et 20 à 30,000 kilogr. de feuilles. Il valent beaucoup mieux que les raves et les betteraves pour les vaches laitières et les bêtes à l'engrais.

Les *choux-raves* sont utiles par leur grosse tige renflée, qui est un aussi bon fourrage que le précédent; mais on les délaisse, parce que dans les années sèches ils se développent mal, et que leur pomme devient souvent dure et ligneuse.

Les *choux à tête* se divisent en trois groupes, suivant qu'ils ont la tête conique, plate ou ronde; les premiers sont les plus délicats et généralement réservés pour la nourriture de l'homme. Ils contiennent 75 p. 100 d'eau et sont très-riches en sucre et en albumine, et par conséquent fort nutritifs; ils donnent de 5 à 600 quintaux métriques par hectare lorsqu'ils réussissent. Ce produit énorme n'est atteint que dans les terres meubles, fertiles, fraîches et sous un ciel humide, car, bien que le chou puisse venir partout, il lui faut beaucoup d'eau atmosphérique et surtout des rosées abondantes; c'est de là que vient la perfection des choux de la montagne, dont la valeur est constamment double de celle des choux de la plaine. Leur culture est la plus lucrative dans des terres convenables et lorsqu'on lui fournit du lizier en abondance; ils peuvent se succéder sans interruption. On garde les plus belles têtes pour porte-graines, et on les met en hiver dans une cave sèche. La graine mûrit en août, et l'expérience a appris que la meilleur graine se trouve sur les branches du centre. Les jardiniers ont fait cette remarque aussi pour les reines-marguerites : ils assurent que les graines du centre du disque ne donnent que des fleurs doubles, tandis que celles des bords ne fournissent que des fleurs simples. Si cette différence est réelle, il faut l'attribuer à l'effet d'une force vitale toujours plus développée dans l'axe de la plante qu'en dehors de lui, et voir si cette observation est applicable aux autres végétaux, ce qui fournirait un moyen facile de conserver toujours les espèces bien pures. Cent grammes de graines semées en pépinière suffisent pour un hectare. Le terrain qu'on destine aux choux est fumé en automne avec du fumier de vache; puis au printemps on le fume de rechef, mais avec du fumier de cheval, ou bien on y fait parquer des moutons. On repique les plants de mai en juin, par un temps humide, et arrose s'il le faut; pendant la végétation, on lizière toutes les fois que le temps le permet, et on bine et sarcle avec soin. On arrache en septembre ou octobre et coupe les pieds, qui, mis en morceaux, constituent un excellent fourrage; quant aux têtes, on les entasse dans une grange sombre pendant huit à dix jours, afin de les blanchir, et on les garde à l'abri de la gelée dans un endroit sec et frais.

Les *carottes* présentent beaucoup de variétés de formes, de couleurs et de développement; les plus recherchées sont les blanches à collet hors de terre. M. Cornaz de Montet, un des meilleurs agriculteurs suisses, nous a fait le plus grand éloge de la variété rouge de cette espèce, mise dans le commerce avec tant d'autres bonnes plantes par M. Vilmorin, dont les graines sont justement appréciées dans le monde entier. Les carottes ont, sur les autres plantes, l'énorme avantage de n'être jamais attaquées par les insectes. Ces plantes craignent la fumure fraîche qui couvre la racine de taches de rouille; aussi fume-t-on en automne le terrain qu'on leur destine, et emploie-t-on dans ce but seulement du fumier bien consommé, parce que le fumier pailleux, ne se décomposant pas durant l'hiver, a le grave inconvénient de rendre fourchues toutes les racines qui entrent en contact avec lui. Les carottes sont aussi recherchées par l'homme que par le bétail, qui en est très-friand; il n'y a pas jusqu'aux oiseaux de basse-cour qui ne les mangent avec plaisir. A raison de sa richesse en sucre et en inuline, cette racine est la plus facile à digérer et la plus saine; la petite quantité d'huile essentielle qui l'accompagne lui donne des propriétés toniques et excitantes qui font qu'elle convient même aux chevaux, qui en général craignent les fourrages aqueux. Elle ne doit être donnée que crue, parce que la cuisson à l'eau lui enlève son essence, ainsi que beaucoup de sucre; la cuisson à la vapeur, par contre, ne lui ôte que l'essence, ce qui est encore une grande et réelle perte, puisqu'elle lui enlève des propriétés fort importantes. On ne doit cuire les carottes que pour les oiseaux de basse-cour, et les dindons mêmes n'en ont pas besoin, car, grâce à leur robuste bec, ils ont bientôt déchiqueté et avalé les carottes les plus dures. Comme les graines de cette plante ne lèvent souvent qu'en trente ou quarante jours quand on les abandonne à elles-mêmes, il faut les faire gonfler pendant vingt-quatre heures au moins dans de l'eau tiède, et les semer ensuite avec du sable mouillé; ce dernier sert à isoler les graines, dont les poils serrés facilitent l'enchevêtrement. Les carottes exigent une terre légère, meuble, riche et profonde; on les sème de mars en avril avec de l'avoine, de l'orge, du lin ou des pavots, ce qui est nécessaire pour utiliser le terrain et pour garantir les jeunes plantes de la sécheresse. Après la récolte de ces dernières, on sarcle avec soin, et arrose avec du lizier. Si les mauvaises herbes s'emparent du champ, il faut sarcler de rechef jusqu'à ce qu'il soit propre, ce qui est facile à l'aide de l'extirpateur ou du buttoir, quand on a semé en lignes espacées à 40 centimètres. On récolte en octobre de 25,000 à 40,000 kil. de racines et de 2,000 à 3,500 kil. de feuilles vertes, très-recherchées par le bétail et pesant sèches 300 à 500 kil. La carotte se conserve facilement en la mettant dans des caves sèches et la disposant par lits alternatifs de racines et de sable. La carotte est formée de :

Sucre incristallisable.......	8,13
Fécule....................	1,38
Inuline	1,00
Albumine.................	0,86
Ligneux et acide pectique.	4,63
Eau.....................	84,00
	100,00

Cette analyse est celle de la carotte blanche à collet vert, en automne. Au printemps, elle ne contient plus de fécule ni d'inuline, mais 12 p. 100 de sucre. Dans les carottes jaunes communes, il y a de la graisse, dont le poids s'élève de 1 1/2 à 2 p. 100.

Dans les terres légères, la carotte peut donc faire une concurrence sérieuse à la betterave pour la fabrication de la mélasse et de l'alcool; il faudra seulement, dans le cas où on lui donnerait cette destination, en choisir les variétés blanches, parce qu'elles sont les moins chargées d'essence.

Le *panais* vaut autant que la carotte; mais comme il veut un ciel humide et assez chaud, on l'a justement délaissé à cause de l'irrégularité de son rendement, ce qui est dommage, car la grandeur de ses feuilles fait supposer qu'il est beaucoup moins épuisant que la carotte.

La *patate douce* est une espèce de convolvulus qui demande une terre légère et un climat chaud, ce qui limite sa

culture au midi de l'Europe; il y en a une foule de variétés,
dont les plus robustes semblent être les rouges. Elle est fertilisante et rapporte plus qu'aucun autre fourrage; ses feuilles
constituent en vert une bonne nourriture pour tous les bestiaux, ses racines aussi; elles sont essentiellement destinées
à l'alimentation humaine et formées de:

Fécule	9,42 à 17
Ligneux	2,54
Gomme	1,30
Sucre	2,49 à 4
Albumine................	1,10
Graisse..................	0,89
Malates acides et sels.....	9,26
Eau......................	73,00
	100,00

L'hectare rapporte en moyenne à Valence 30,000 kil. de
tubercules et autant de feuilles; les tubercules pourrissent
avec une déplorable facilité; aussi faut-il les conserver dans
un endroit chaud, sur de la paille, ou dans du sable sec, absolument comme si on avait affaire à des fruits.

Comme les patates couvrent rapidement le sol de leur
épais feuillage, elles font disparaître les mauvaises herbes et
constituent un des meilleurs moyens de nettoyer les terres.
On ignore généralement que les feuilles de patates sont un
légume vert bien plus délicat, plus nutritif et plus sain que
les épinards, sur lesquelles les patates ont d'ailleurs l'avantage de donner d'autant plus, qu'il fait plus chaud; c'est
précisément pour cette raison que les épinards cessent de
rapporter et montent en graines

A l'inverse des fourrages racines et surtout des fourrages
qui sont cultivés surtout pour le bétail, les céréales ou
les *plantes féculifères* le sont presque uniquement pour
l'homme, à la nourriture duquel elles servent de base dans
tous les pays cultivés. On les partage en céréales proprement
dites, dont le type est le froment, et en légumineuses, qui
ont pour membre essentiel les pois.

Les céréales présentent presque toutes des variétés d'été, que l'on sème au printemps, et d'hiver, qu'on sème en automne ; ces dernières tallent plus et rapportent davantage que les graines d'été ; aussi en parlerons-nous d'abord.

Céréales d'hiver. — Comme la plupart des céréales, mais tout spécialement, le froment et le seigle sont sujets à la carie. On a cherché à les guérir de cette maladie contagieuse en nettoyant l'enveloppe des semences à l'aide de la chaux, ce qui a fait donner à ce procédé fort utile le nom de *chaulage*. Au lieu de chaux, on emploie quelquefois le sulfate cuivrique ou vitriol bleu, qui empêche fort bien la carie, mais qui est très-cher, souvent falsifié, et constitue un violent poison ; aussi doit-on le rejeter. Il vaut beaucoup mieux se servir du mélange suivant, dont nous garantissons l'efficacité. Pour chaque hectolitre de grains, on prend 640 grammes de sulfate sodique ou sel de Glauber qu'on dissout dans 9 litres d'eau bouillante, et 2 kil. de chaux vive qu'on éteint en les plongeant dans l'eau, d'où on les retire de suite pour les exposer à l'air, où ils tombent bientôt en poussière. Cela fait, et quand la dissolution de sulfate sodique est tiède, on en arrose le grain, auquel on mêle peu à peu toute la chaux en remuant bien, de manière à entourer chaque grain d'une légère pellicule du mélange.

Epeautre. — Cette plante est plus vigoureuse que le froment et donne une farine tout aussi blanche. Il y en a deux variétés, l'une rouge, l'autre blanche ; la première est plus forte et donne une farine moins blanche que la seconde. Toutes les deux rapportent 15 à 18 fois la semence et donnent par hectare 21 à 80 hectolitres de grain et 18 à 36 quintaux métriques de paille. Le grain fauché, lorsqu'il est encore laiteux et séché, est excellent pour les potages. L'hectolitre de graine pèse 42 à 45 kil. et donne 25 à 28 kil. de farine et 8 à 11 de son. L'épeautre d'été manque fréquemment et donne un quart de moins. Cette graine verse facilement sous l'influence d'une fumure forte ; elle vient mieux après les fourrages qu'après les récoltes sarclées.

La récolte d'épeautre est formée de :

```
Grain, net................  46,38
Balle.. .................  15,75
Paille .................  37,87
                         ________
                          100,00
```

Le *froment* présente une foule de variétés barbues et sans barbes ; ces dernières sont les meilleures. Cette graine ne réussit pas mieux dans les terres humides que dans celles qui sont trop sèches ; elle veut une bonne terre forte et fertile. Il vient bien après toutes les plantes, les pommes de terre exceptées ; il craint les climats froids, ainsi que les fumures fortes et fraîches, qui le font verser et l'exposent à la carie et à la rouille

Le froment ne talle, en poussant du collet, que lorsqu'il a ses troisième et quatrième feuilles, et que ses deux premières se flétrissent ; ce changement correspond à la poussée des racines latérales. Cette plante fleurit quand la température moyenne est de $+16°$ C ; sa floraison ne dure que deux ou trois jours. La pluie, les brouillards et les vents lui nuisent beaucoup, tandis que la sécheresse arrête le développement des grains. La plante entière est composée, à sa maturité, de :

```
Graine ...................  22,8
Balle....................   4,0
Paille ...................  57,7
Chaume ...............  15,5
                        ________
                         100,0
```

L'hectolitre de froment pèse de 70 à 103 kil. et donne 83 de farine pour 100 de grain. Le froment contient 78 à 87 d'amidon et 12 à 21 de gluten ou albumine coagulée ; ce dernier caractérise les blés durs et tous ceux en général des pays chauds. Un bon blé d'Europe est formé de :

Graisse . . . . 1 à 2
Albumine ou gluten . . . . 10 à 20
Gomme et sucre . . . . 6 à 10
Fécule . . . . 75 à 86
Ligneux . . . . 2 à 4
Sels . . . . 2 à 3
Eau . . . . 10 à 14

Le son de froment est composé de :

Graisse 3,60
Albumine 14,90
Gomme et sucre 5,00
Fécule 22,62
Ligneux 47,00
Résine et sels 1,40
Cendres 2,50
Eau 2,98
                                    ———
                                   100,00

En général, on trouve 12 à 14 p 100 d'eau dans les sons du commerce.

Dans les pays chauds, on le fauche en automne lorsqu'il est trop fort ; dans les pays froids, cet inconvénient n'existe pas. En échange, comme le froment souffre quelquefois de l'hiver, on fait bien de le herser et de le rouler, lorsqu'il a été soulevé par la gelée. Cette graine rapporte 8 à 14 fois la semence, soit 20 hectolitres par hectare, plus 30 quintaux de paille, soit environ 50 de grain p. 100 de paille. Quand on tient à obtenir une farine excessivement blanche, on fauche le froment un peu avant sa maturité.

L'engrain est une excellente variété de froment, plus rustique et plus productive que lui ; sa paille forte et lourde est recherchée pour attacher la vigne et pour les ouvrages de vannerie ; sa farine est jaune et donne un excellent pain. On doit le laisser mûrir sur pied.

Le froment et l'engrain de printemps sont de pauvres plantes, qui rapportent un quart moins que les variétés d'automne ;

aussi ne les cultive-t-on que pour remplacer les graines d'hiver, et jamais d'une façon régulière.

Le *seigle* est le froment des pays froids et humides, ainsi que des terres pauvres ; c'est une plante rustique et bien utile. Le seigle talle fortement ; il supporte mal le vent et la pluie quand il est en fleur ; mais il est peu sujet à la rouille et à la carie. Par contre, l'ergot l'attaque facilement. On le sème en automne, plus vite que le froment, parce qu'il talle moins tôt que le dernier et qu'il épie avant lui, au printemps ; il sert à faire des prairies artificielles et se laisse faucher et pâturer sans en souffrir beaucoup. C'est de toutes les céréales celle qui donne le plus de paille. Sa farine est grise ; mêlée à celle de froment, elle donne d'excellent pain, tandis que celui qu'elle fournit quand on l'emploie seule est noir ; il reste tendre pendant une semaine en été et deux en hiver, ce qui semble y indiquer des principes qui n'existent pas dans le froment. Il donne 19 à 22 hectolitres de grain et 30 à 40 quintaux métriques de paille.

Il faut semer le seigle d'été plus serré que celui d'hiver ; il rapporte un quart de moins.

La plante de seigle est formée de :

Grain	24,4
Paille et balle	59,5
Chaume	16,1
	100,0

Le grain contient 17 et la paille 19 p. 100 d'eau ; sa farine est formée de :

Albumine soluble et coagulée	10,5
Amidon	64,0
Graisse	3,5
Sucre	3,0
Gomme	11,0
Ligneux et sels	6,0
Eau	2,0
	100,0

100 parties de grain donnent 60 de farine et 40 de son.

L'*orge* réussit bien dans les sols de moyenne consistance ; elle craint beaucoup l'humidité et aime le soleil. On la sème le plus vite possible au printemps, avant le seigle en automne, pour qu'elle ait le temps de taller avant l'hiver. Comme elle mûrit très-vite en été, elle favorise la culture des récoltes dérobées qu'on sème, comme les carottes, au printemps avec elle. L'orge donne 18 à 40 hectolitres de grain et 20 à 25 quin-taux de paille.

Comme l'orge germe inégalement, on ferait bien de la gonfler avant de la semer, afin que tous les grains levassent en même temps ; dans le cas contraire, on roule fortement, afin de provoquer un arrêt dans la végétation des plantes les plus avancées. L'orge se développe très-vite, car dans les bonnes années, elle achève sa croissance en 10 à 12 semaines qu'on partage comme suit :

```
 7 jours pour germer.
50   —     —   fleurir.
93   —     —   mûrir.
```

La plante est formée de :

```
Grain ....................   27,3
Paille et balle ............   54,0
Chaume ..................   18,7
                           ______
                            100,0
```

Le grain contient :

```
Sucre....... ...................    6,00
Fécule..........................   59,50
Albumine et gluten...............    4,50
Ligneux, gomme, graisse et cendres.  19,00
Eau......... ...................   11,00
                                  ______
                                   100,00
```

Le grain d'orge donne en centièmes 70 de farine, 19 de son et 11 d'eau. La petite quantité d'albumine qui se trouve

dans l'orge est à noter ; il n'y en a que 4 à 6 p. 100 quand
on la dose directement, tandis que par la combustion on obtient la quantité de nitrogène correspondante à 18 p. 100,
ce qui prouve qu'il y a dans l'orge de l'ammoniaque ou une
substance organique nitrogénée qu'on n'a pas encore isolée.
La même et fort importante remarque s'applique à l'avoine,
dans laquelle on ne trouve directement que 5 p. 100 d'albumine, tandis que l'analyse élémentaire y en signale aussi
18 p. 100. Il est donc probable que ces deux grains sont trois
ou quatre fois plus nutritifs qu'on ne le croit généralement ;
et si cette supposition n'est pas confirmée par l'expérience,
l'excès de nitrogène ne pouvant provenir que de l'ammoniaque
renfermée dans ces graines, il prouve que l'intensité nutritive
des substances organiques n'est pas en relation absolue avec
la proportion de nitrogène qu'on y trouve.

L'orge de printemps donne le même produit que celle
d'automne ; c'est la seule céréale qui ait cet avantage bien
important, puisqu'elle permet de semer cette plante indifférem-
ment dans ces deux saisons et de gagner ainsi un temps précieux pour les derniers travaux d'automne. La grande espèce
à deux rangs rapporte plus, mais exige aussi un meilleur
terrain que la petite à quatre rangs ; il lui faut une bonne
terre assez forte et qui ne soit point trop sèche. Comme cette
variété n'occupe jamais le terrain plus de trois mois, il lui
faut de l'engrais consommé ; l'engrais récent la fait verser.
On doit éviter avec le plus grand soin de fumer le terrain par
le parcage, quand on destine l'orge à la fabrication de la bière,
qui en devient très-mauvaise ; ce fait semble prouver que
l'ammoniaque de cet engrais passe dans le grain auquel elle
communique un mauvais goût. C'est une des graines qui
craint le plus l'humidité ; aussi une pluie continue la rouille-
t-elle très-facilement. Comme elle se brise facilement, on la
moissonne avant sa maturité complète, quand elle jaunit, et
autant que possible encore couverte de rosée ; mais on ne la
rentre que très-sèche, parce que la fermentation en grange
lui nuit excessivement.

L'orge, à cause de sa richesse en sucre et en fécule, est

essentiellement employée à la fabrication de la bière; on en fait aussi du pain, qui est grossier, quoique bon. C'est une graine utile à tous les bestiaux, et spécialement aux oiseaux de basse-cour ; elle remplace l'avoine pour les chevaux dans les pays chauds.

La paille d'orge contient :

Albumine................................	1,70
Gomme, sucre, graisse et résine....	15,19
Ligneux	70,31
Cendres	1,86
Eau......................................	10,94
	100,00

L'*avoine* est la graine d'été la plus cultivée; c'est la plus rustique des céréales et celle qui rapporte le plus ; elle paie partout et largement sa culture, tout en épuisant moins le sol que l'orge. L'avoine a deux variétés : celle à grappes, dont le grain est gros, et qui se laisse battre facilement, et l'avoine unilatérale ou de Hongrie, dont le grain est un peu plus petit, qui est un peu plus difficile à battre et rapporte bien davantage. Sa meilleure variété est celle du Kamtschatka, dont le produit est énorme dans les bonnes terres. Comme l'avoine germe lentement, on doit la semer le plus tôt possible, et cela d'autant plus qu'elle craint une sécheresse forte quand elle est encore jeune. On la fauche avant sa maturité et la laisse huit à dix jours sur le champ avant de la rentrer ; elle donne par hectare 30 à 44 hectolitres de grain et 35 à 45 quintaux de paille. L'avoine donne en centièmes 17 de de son, 62 de farine et 21 d'eau; elle contient un principe aromatique excitant qui fait qu'elle stimule l'appétit du bétail, et qui, en s'unissant au sucre de gélatine, produit une partie de l'acide hippurique qu'on trouve dans l'urine des chevaux. Le grain contient 2 p. 100 d'eau; il est formé de :

$$
\begin{array}{lr}
\text{Albumine} & 13,7 \\
\text{Fécule} & 46,1 \\
\text{Graisse} & 6,7 \\
\text{Sucre} & 6,0 \\
\text{Gomme} & 3,8 \\
\text{Ligneux et cendres} & 21,7 \\
\text{Eau} & 2,0 \\
\hline
& 100,0
\end{array}
$$

Cent parties de grains correspondent à 162 de paille; la paille contient 59 p. 100 d'eau; chaque hectolitre d'avoine absorbe 249 kilogr. de fumier.

L'avoine est employée à la panification dans tous les pays humides et froids, mais spécialement en Ecosse. Son gruau sert à faire des potages bien connus, et qui sont aussi agréables que nutritifs.

Le *maïs* est la pomme de terre des pays chauds et des contrées vinicoles; son grain fort nourrissant est recherché par l'homme et par tous les bestiaux. Aussi longtemps qu'il est jeune, il constitue un excellent fourrage; l'enveloppe de l'épi sert à former les meilleures paillasses, et la tige est un combustible précieux pour les immenses plaines de la Hongrie, où il n'y a pas de bois. Cette plante veut des terres fortes qui ne soient cependant pas humides, une exposition chaude et abritée; elle supporte les fumures les plus récentes et les plus fortes, et même les vidanges de latrines. On ne le sème que quand les gelées sont passées, et on fait gonfler les grains avant de les semer à 33 centimètres de distance dans les lignes espacées entre elles de 66 centimètres. On plante entre les lignes des haricots nains, et on butte dès que le maïs atteint une hauteur de 16 centimètres. Quinze jours après que les plantes ont défleuri, et quand les grains commencent à durcir, on coupe les fleurs mâles qu'on donne au bétail. Quand les feuilles qui enveloppent l'épi jaunissent, on peut récolter; il faut sécher fortement l'épi avant de le serrer ou de l'égrainer. L'hectare donne 36 à 108 hectolitres de grains, 80 quintaux de tiges et pailles, 22 quintaux de fleurs mâles et

8 quintaux de feuilles d'épis, soit involucres. Ce grain, employé par l'homme pour les bouillies et les soupes, est utile à l'engraissement de tous les animaux, surtout des porcs. Dans les bonnes terres et en plaine, on ne cultive que les grandes variétés de maïs; les petites, qui sont précoces, sont les seules qu'on puisse cultiver dans les terres maigres et exposées à l'action des vents. La plante entière est composée de :

Grain...	27
Tiges	54
Fleurs mâles.................	6
Spathes	13
	100

La graine est formée de :

Albumine	12,3
Fécule	71,2
Huile	9,9
Gomme et sucre	0,4
Ligneux	0,5
Sels.....................	1,2
Eau......................	4,5
	100,0

Nous avons trouvé 24 p. 100 d'eau dans le maïs jaune de Strasbourg. On cultive beaucoup à Morat, dans le canton de Fribourg, une variété trapue, mais excessivement fertile, de maïs; ses gros grains blancs aplatis sont magnifiques. Le maïs ne peut pas être employé à la panification, parce qu'il ne lève pas, ce qui vient sans doute de ce qu'il possède une forte proportion d'huile, tandis que les autres céréales renferment une espèce de suif qui, étant solide, ne peut pas entraver la fermentation.

En Hongrie, le pudding de maïs remplace le pain, et au Mexique on en fait un espèce de bière, la *chicha*, dont le goût très-relevé ne plaît pas aux Européens, mais qui est fort recherchée par les indigènes.

Le *riz* ne prospère que dans les pays chauds et dans les

terres qu'on peut submerger. Son rapport est énorme; mais comme sa culture est liée à toutes les maladies qu'engendre le voisinage des marais, elle est reléguée dans les pays peu habités. Il donne jusqu'à 40 hectolitres par hectare. Son grain est composé de :

Albumine................	7,5
Fécule..................	86,9
Graisse.	0,8
Gomme et sucre..........	0,5
Sels....................	0,9
Ligneux	3,4
	100,0

C'est la graine la plus riche en fécule et la plus pauvre en principes minéraux, ce qui vient de ce qu'elle croît dans l'eau, et ce qui prouve bien nettement le peu de signification des cendres dans les graines. Ce fait de la petite proportion de cendres qu'il y a dans les graines du riz doit s'étendre à toutes les plantes aquatiques, parce que leur sève toujours abondante en eau peut reporter aux racines tout ce qui ne s'organise pas dans la plante et spécialement dans la graine, et les principes minéraux sont dans ce cas.

Il est possible qu'on puisse fertiliser une fois les marais des pays froids avec la *zizanie du Canada*, qui donne des graines analogues à celles du riz.

Des essais faits dans ce but par la Société d'acclimatation de Berlin ont réussi et prouvé que cette plante très-rustique donne un fourrage aussi bon que celui du seigle. Ses graines, quoique plus petites, ressemblent beaucoup à celles de cette céréale. Il faut semer cette plante dès qu'on en recueille les graines, parce qu'elles perdent leur force germinatrice en se séchant. C'est une précieuse acquisition pour tous les marais sous l'eau.

Le *millet* a ses graines disposées en épi serré ou en grappes; le premier mûrit en cinq mois, et le second en trois; aussi est-il le plus cultivé. Il vient dans des endroits chauds et abrités, aime les terres légères et bien fumées, craint l'eau et le froid, mais supporte fort bien le sec; il s'arrange à merveille d'une fumure fraîche; c'est celui qui sous le nom de *doura* est cultivé dans toute l'Afrique. Il y en a beaucoup d'espèces; les unes ont les graines blanches, tandis qu'elles sont jaunes, brunes ou noires dans les autres. Cette plante mûrit fort inégalement et s'égraine, en sorte que sa récolte en août doit être suivie d'un battage immédiat. On fait sécher la graine qui est employée par les Slaves uniquement pour les potages; la paille en est très-bonne. Le millet à grappe donne 15 à 30 hectolitres de grains et 15 à 42 quintaux de paille.

En France, on ne le cultive guère que pour l'alimentation des oiseaux, et on ne sait pas assez de quelle ressource il est pour la nourriture des jeunes oiseaux de basse-cour qui l'aiment beaucoup, et auxquels il communique rapidement un remarquable embonpoint.

Après les céréales viennent les légumineuses, que la pomme de terre a déplacées bien à tort, puisque leur graines sont beaucoup plus nutritives et que leur paille est excellente; elles nouent d'ailleurs par tous les temps, grâce à leurs fleurs closes et dont la forme si élégante leur a valu le nom de papilionacées. Comme les racines de ces plantes sont fortes et leurs feuilles abondantes, elles sont très-peu épuisantes, et même fertilisantes dans la plupart des cas; de plus, comme elles couvrent la terre, elles la débarrassent des mauvaises herbes. Ces plantes veulent une terre forte, riche, un sol bien égoutté, bien préparé, et une atmosphère humide; elles craignent cependant moins la sécheresse qu'une humidité soutenue. Toutes ces graines, dont quelques-unes sont consommées par l'homme, favorisent à un degré extraordinaire l'engraissement du bétail.

Les *pois* se présentent avec une multitude d'espèces; les gris, que l'on sème en automne, ne sont guère utilisés que pour le bétail. Parmi ceux qu'on emploie pour l'homme, les plus recommandables sont les verts, les gros jaunes, puis les blancs. Une bonne et magnifique variété bien constante de ces derniers est le gros blanc de Bohême, qui n'est pas connu hors de ce pays, où il est cultivé seul. Ils aiment une terre forte et fraîche sans être humide, une bonne exposition pas trop sèche, de l'engrais et un ciel assez humide. Les pois craignent beaucoup le fumier récent qui les pousse en herbe; aussi ne les cultive-t-on qu'en seconde récolte, lorsqu'on veut en tirer des grains. Comme leur récolte n'est abondante que lorsque la plante arrive forte à l'été, on la sème le plus tôt possible, et pour cela on laboure le champ en automne pour le semer dans les premiers beaux jours; il faut le herser et rouler ensuite, afin de les faire lever uniformément. Quand on tient à en avoir la paille, on les sème avec de l'avoine et les fume bien avec de l'engrais récent. Comme les pois se couchent facilement et pourrissent alors, on les soutient avec des branchages ou mieux avec des cordes de paille. On pourrait le faire avec du maïs nain; mais comme les deux plantes se nuiraient mutuellement, on fait mieux d'employer les cordes de paille, ou bien aussi les fils de fer zincé. Quoique les pois avortent fréquemment, ils donnent en moyenne de bonnes récoltes, puisqu'on recueille par hectare 14 à 42 hectolitres de grains et 20 à 40 quintaux de paille. Employés en vert, les pois sont un excellent fourrage qu'on sème presque toujours avec d'autres plantes; le grain ne s'emploie que seul; sa farine, mêlée à celle de froment, donne un pain dur et sec. La paille est tellement hygrométrique, qu'on ne doit la fourrager que par le sec. On ne fauche les pois qu'au moment où la plupart de leurs gousses sont mûres.

Les pois contiennent :

Sucre et gomme..........	8,48
Fécule....................	32,45 à 47
Albumine et gluten........	16,28 à 27
Ligneux..................	20,00
Graisse..................	1,88 à 3
Eau.....................	20,91
	100,00

Les pois sont donc un des grains les plus nourrissants qu'il y ait; aussi peuvent-ils seuls, avec les haricots, tenir lieu de la viande dans l'alimentation humaine. On sait de quelle ressource les saucisses de pois ont été pour l'armée allemande, durant la dernière guerre contre nous; mais on ne redira jamais assez que c'est à tort qu'on néglige en France un aliment aussi économique et aussi précieux.

Le *lupin blanc* demande la même culture que les pois. C'est un excellent engrais pour enfouir en vert; il est précieux surtout pour les terres sèches et élevées sur lesquelles il n'y a pas moyen de conduire du fumier. Du reste, son action est beaucoup plus intense dans les pays chauds que dans nos climats, parce qu'il n'y atteint jamais tout son développement, ce qui vient de ce qu'on n'ose le semer qu'au moment où les gelées ne sont plus à craindre.

Les graines renferment un principe amer et toxique qui empêche qu'on s'en serve comme aliment.

Les *vesces* sont cultivées comme les pois; elles supportent les terres les plus fortes, mais ne viennent pas bien dans celles qui sont très-sèches. Quand on veut les faire grainer, on les sème avec un quart de leur volume d'orge ou d'avoine, et on leur donne de l'engrais consommé, tandis qu'on le leur applique frais lorsqu'on veut les utiliser en vert. Cette graine est donnée aux chevaux, aux porcs et surtout aux pigeons; on en fait très-exceptionnellement du pain. Les vesces rapportent un peu moins de graine que les pois, et 21 à 28 quintaux de paille très-nutritive.

Les *lentilles* ne sont employées que pour la nourriture de l'homme, auquel elles fournissent une nourriture saine, abondante et trop négligée. C'est la papilionacée qui supporte le mieux les sols secs et sablonneux; elle ne donne abondamment que dans les terres très-propres et très-riches, et supporte une fumure fraîche. Comme les lentilles ne souffrent pas d'un froid de 18° C., on peut les semer en automne et au printemps, dès que la fin des gelées permet d'ouvrir les sillons. On récolte dès que les gousses brunissent, et l'on fauche à la rosée, afin qu'elles ne s'égrainent pas. Les lentilles donnent 14 à 21 hectolitres de grain et 10 à 15 quintaux d'excellente paille par hectare. Il existe une variété à gros grains des lentilles; mais elle est fort délicate et capricieuse.

Les *fèves* se divisent en plates ou fèves de porc, et en arrondies ou féverolles; nous nous occuperons essentiellement de ces dernières. Elles supportent à merveille les sols les plus forts, les fumures les plus intenses et les plus récentes; mais elles craignent les terres sèches et légères. On les plante le plus tôt possible au printemps, à 8 centimètres de distance, dans des lignes espacées à 60 centimètres, et on fait bien de gonfler la graine avant de la planter, puis on herse et roule fortement. Pendant la durée de la végétation, il faut biner et butter. Si, comme cela leur arrive facilement, les fèves sont attaquées par les pous, on les étête dès que les gousses durcissent, et on récolte quand la plupart d'entre elles sont mûres. Un hectare de terre argileuse fumée avec 100,000 kil. de fumier frais a donné 120 hectolitres de fèves valant quatre fois leur poids de bon foin, et donnant autant de paille que de grain. Cette plante ne rapporte beaucoup que dans les années humides; aussi devrait-on en semer toujours sous notre ciel inconstant; ce serait un moyen sûr et facile d'éviter la disette qu'amène toujours l'avortement des blés. La féverolle rapporte 12 à 48 hectolitres de graines qu'on mange cuites. Leur farine est jaune, mêlée avec celle du froment; elle fournit d'excellent pain. En Angleterre, on donne la féverolle aux chevaux, pour lesquels elle vaut un volume double d'avoine. Les féverolles contiennent 8 à 16 p. 100 d'eau; elles sont formées de :

Albumine et gluten.........	12,8
Amidon...................	46,5
Gomme...................	9,0
Ligneux	16,2
Eau....	15,5
	100,0

et constituent donc un aliment des plus nourrissants. La féverolle étant fort peu épuisante, sa culture ne peut donc point être assez recommandée sous tous les rapports.

Les *haricots* supportent et demandent, comme les féverolles, une fumure excessivement riche et récente; mais ils craignent beaucoup le froid et l'humidité, ce qui n'empêche pas de les cultiver très-loin vers le nord, parce que leur végétation s'effectuant en trois mois, elle commence et s'achève durant l'été. Il faut donc les placer dans la meilleure exposition possible, les biner et les butter durant la végétation, et les récolter dès que leurs gousses jaunissent. On ne cultive en grand que les variétés naines, dont la plus fertile, appelée à Neuchâtel *coquelet*, a un grain jaune paille à ombilic bleu ou orange; la forme en est arrondie en ellipse ou même presque sphérique. Les pieds doivent se trouver à 60 centimètres de distance en tous sens; on cultive cette plante seule, ou bien, et le plus souvent, entre les lignes du maïs. L'hectare donne 12 à 48 hectolitres de cet excellent grain, qui est plus nourrissant que le froment. On compte que 46 kilogrammes de fumier consommé donnent 3 litres, soit 1 kilogr. 990 gr. de grain sec et un poids égal de paille, ce qui est prodigieux.

En Espagne, on cultive beaucoup un haricot blanc et rond qui remplace totalement la pomme de terre dans les parties chaudes de ce beau pays. Dans les pays chauds, les haricots sont remplacés par les dolics, dont les graines sont plus petites; mais les gousses sont plus charnues et plus délicates que celles de nos haricots. La Chine cultive une foule d'espèces de haricots de toutes grandeurs et de toutes couleurs, dont la plus curieuse est le *soja*, ou haricot à huile, qui contient 45 p. 100 d'une huile douce analogue à celle des arachides. Ces graines écrasées et bouillies fournissent, par la fermentation, une espèce de fromage très-recherché par les Chinois.

Changeant de famille végétale, arrivons maintenant aux polygonées, dont le type le plus connu est le sarrazin ou blé noir, quoique nous trouvions en abondance les renouées de toute espèce depuis le bord des ruisseaux jusque dans les terres les plus sèches, l'oseille dans les prés secs, et la rhubarbe dans tous les jardins potagers.

Le *sarrazin* ou blé noir est cultivé en récolte dérobée,

partout où on récolte le froment d'automne dans la première quinzaine de juillet; sa croissance s'effectue en trois mois, cent jours au plus. Il vient bien dans les terres sèches, chaudes et abritées; il craint beaucoup l'humidité, ainsi que les vents violents, qui empêchent la fleur de nouer. Après le semis, on doit rouler fortement le sol; plus tard, la plante, dont les larges feuilles couvrent la terre, se suffit à elle-même. Comme le sarrazin ne supporte pas la fumure fraîche, qui le fait pousser en paille, on ne lui applique que 50 à 100 quintaux de fumier très-consommé, quand il n'y a pas moyen de le placer en seconde récolte. Cette plante ne supporte pas les plus faibles gelées; elle est capricieuse au point qu'elle ne donne une bonne récolte que tous les cinq ou six ans. En moyenne, on compte qu'elle donne par hectare 12 à 16 hectolitres de grain et 15 à 20 quintaux de paille. Celle-ci contient une couleur bleue qui s'y développe quand on la fait pourrir; elle n'est employée que comme litière, parce qu'elle nuit, comme fourrage vert, aux bestiaux, et tout spécialement aux moutons, dont elle gonfle la tête. On fauche dès que la plus grande partie des graines est mûre; on lie en botte et sèche sur le champ même. Le grain est employé tel quel pour l'alimentation du bétail, et surtout des volailles; sa farine est utilisée par l'homme, qui en fait des potages et des bouillies. On en fabrique aussi un pain qui est noir, sans consistance et mal levé.

Ce grain contient, ainsi que la paille, 12 p. 100 d'eau; il est formé de :

Albumine et gluten.....	10,7306
Fécule................	52,2954
Graisse et résine.......	1,6136
Gomme et sucre........	8,4263
Ligneux	26,9341
	100,0000

Les plantes oléagineuses sont généralement épuisantes; elles veulent de bonnes terres fumées. C'est des graines que nous tirons presque toujours l'huile; quelquefois, comme pour l'olive, on l'emprunte à la chair du fruit; plus rarement, comme pour le souchet comestible, à la racine. Dans les pays froids et tempérés, les plantes ne donnent que des huiles, tandis que dans les pays chauds elles fournissent aussi du suif d'excellente qualité. Les huiles contiennent des quantités variables de suif qui augmente avec la chaleur de l'été, ce qui produit de grandes différences dans la densité de l'huile d'une même plante.

La plus importante des plantes de ce groupe est, sans contredit, le colza.

Le *colza* possède deux variétés, celle d'hiver et celle d'été; cette dernière, beaucoup plus faible, donne la moitié moins. La culture du colza est avantageuse, parce qu'elle se fait dans un temps où les bras ne sont pas occupés et qu'elle fournit beaucoup d'huile. Cette plante veut une terre forte, bien fumée, profondément labourée et surtout pas humide. Le colza souffre beaucoup de l'hiver dans les terres humides, où il ne faut donc jamais le planter. Il veut de l'engrais consommé; celui qui est récent le fait mûrir inégalement, parce qu'il lui permet de développer ses bourgeons latéraux. On le sème en juillet, en place ou en pépinière; ce dernier mode vaut mieux, parce qu'il est plus facile de garantir le jeune plant des altises, qui le dévorent quelquefois en totalité. On repique alors en septembre, à 60 centimètres en tous sens. Pendant la végétation, on bine et butte avec soin, puis on récolte dès que les gousses les plus élevées de la plante sont jaunes et que leurs graines sont noires. On fauche à la rosée, afin d'éviter l'égrainement; on laisse les plantes quelques jours sur le champ, et on les enlève dans des voitures garnies de toiles, qui retiennent les grains qui s'échappent. On obtient de l'hectare 36 à 48 hectolitres, pesant 60 kilogrammes l'un, de graine, et 20 à 25 quintaux de tiges et feuilles.

La graine est formée de :

Huile..................	50
Gomme................	12
Albumine et gluten.........	18
Ligneux...............	5
Cendres...............	4
Eau	11
	100

Elle ne rend en grand que 32 à 35 p. 100 d'huile ; le tourteau qui reste est excellent pour l'engraissement du bétail. L'essence de moutarde qui s'y trouve en fait un spécifique assuré contre la cachexie aqueuse ou pourriture des moutons.

La *navette* coûte autant et rapporte moins que le colza, sur lequel elle n'a que le petit avantage de mûrir quinze jours plus vite ; aussi ne la cultive-t-on que dans les mauvaises terres graveleuses où le colza ne peut pas venir. Là, elle donne dans les années humides de si belles récoltes, que je lui ai vu plus d'une fois payer la valeur du champ, dans les plaines de l'Ochsenfeld, près de Mulhouse.

La *cameline* possède une variété à grosses graines encore mal étudiée. Cette plante est trop peu connue, car elle présente des avantages qu'on ne trouve pas chez ses congénères : ainsi, elle n'est jamais attaquée par les insectes ; elle donne une paille assez bonne, croit partout, même dans les sables et les terres les plus arides. On la sème d'avril en mai, sur une terre bien préparée et convenablement fumée ; elle rapporte 15 hectolitres par hectare ; elle donne 32 à 35 p. 100 d'huile. Sa paille est moins abondante que celle de colza ; elle ne pèse que 15 à 20 quintaux.

La *moutarde* mériterait d'être cultivée à la place du colza, parce qu'elle est plus rustique que lui ; elle donne 30 à 33 p. 100 d'huile ; mais elle rapporte beaucoup moins, et son tourteau ne peut malheureusement pas être employé, à cause de ses propriétés vésicantes. Il est fort recherché pour la fabrication de la moutarde de table, et il est probable qu'on pourrait l'employer avec avantage, à petite dose, pour combattre la pourriture des bêtes à laine. En vert, elle constitue un fourrage de première qualité. Les feuilles de cette plante constituent pour l'homme un excellent légume vert qu'on devrait cultiver dans les jardins potagers.

Le *madia* est abandonné à tort, parce qu'il est capricieux, à ce qu'on dit. Nous pouvons assurer le contraire ; peu de plantes donnent un produit plus régulier que lui, quand il se trouve dans les terres sèches pour lesquelles il est destiné par la nature. Cette plante veut une terre sèche, meuble et riche, dans laquelle on la sème très-serré, sans quoi elle ne mûrit pas uniformément ; la végétation s'achève en trois ou quatre mois, et l'arrachage arrive en août. Dès que les graines sont mûres, ce qu'on reconnaît à leur couleur grise, on arrache les plantes et les secoue sur une toile, puis on les lie en bottes qu'on place debout, les unes à côté des autres, dans un hangar aéré, d'où on les sort tous les matins pendant trois ou quatre jours, pour les secouer. On obtient ainsi 18 à 24 hectolitres de graines, pesant 35 kilogr. et donnant 28 p. 100 d'huile excellente, et bonne à manger ainsi qu'à brûler ; c'est le quart autant qu'une bonne récolte de colza. Les fanes, pesant 3,500 kilogr., et les tourteaux de madia sont vénéneux. Le madia mérite d'être cultivé pour être enfoui en vert ; il résiste à la sécheresse, mais craint l'humidité et le froid. Pour que l'huile n'ait pas de goût, on échaude les graines à l'eau bouillante avant de les soumettre à l'action de la presse.

Le *tournesol* mérite d'être cultivé en grand partout où on le pourra, à cause de son énorme produit, tant en graines qu'en feuilles, qui sont un des meilleurs fourrages. Il y en a des variétés naines qui ne valent pas grand'chose. Parmi les grandes, les unes ont les graines noires ; ce sont les plus fortes, tandis que les autres les ont grises. On ne peut le planter que lorsque les gelées ne sont plus à craindre ; on espace les pieds à 60 centimètres en tous sens. Le tournesol veut une terre de consistance moyenne, très-riche, sèche, chaude et abritée contre les vents. Il supporte la fumure fraîche et donne un produit aussi régulier qu'abondant. Pendant la végétation, on sarcle et butte. L'hectare donne 48 à 50 hectolitres de graines excellentes pour l'engraissement du bétail, et dont l'huile est douce et bonne à tous les usages. Il est cultivé sur une immense échelle dans tout le sud de la Russie.

Le *pavot* présente deux variétés principales, la blanche et la violette. La première a les graines blanches ; elle produit moins que la seconde, qui les a grises. Cette plante veut un sol propre, profond, léger, sec, chaud et très-riche ; elle craint le fumier frais. On sème en mars pour récolter la même année, ou à la fin d'août pour l'année suivante ; cette dernière méthode est beaucoup plus profitable que l'autre. Les plantes s'espacent à 30 centimètres en tous sens ; il faut les biner et les liziérer fréquemment pendant la végétation. Le vent nuit à leur fructification. On récolte quand les têtes sont jaunes et sèches ; l'hectare donne 12 à 18 hectolitres de graines et 20 à 30 quintaux de tiges. Si on incise les capsules à leur base quand elles commencent à jaunir, on en retire jusqu'à 20 kilogr. d'opium par hectare ; ce poison semble n'exister que dans les capsules près de la maturité, car les tiges et les feuilles sont un excellent fourrage, qui devient sur la table des Chinois un légume recherché. La graine rend 30 à 40 p. 100 d'une huile douce, excellente à manger, et qui est la plus siccative des huiles employées en peinture ; pilée et cuite avec du lait, elle constitue une bouillie aussi nourrissante que saine et appétissante, fort en usage dans tout l'orient de l'Europe.

La graine de pavot blanc à yeux fermés contient :

Huile......................	55
Essence et ammoniaque.....	3
Fécule, sucre et gomme.....	23
Albumine et gluten.........	13
Ligneux....................	6
	100

Elle renferme 3 à 7 p. 100 d'eau hygrométrique qui n'existe qu'à la surface de son enveloppe.

L'*arachide* croît dans le midi de l'Europe ; c'est une papilionacée dont le produit est énorme. L'huile extraite de sa graine est semblable à celle d'olivier, moins le goût, qui n'est pas agréable ; on l'emploie à la fabrication des savons. Il y en a 47 p. 100 ; mais on n'en retire que 34. Les tourteaux qu'on tire des huileries de Marseille sont, avec ceux de sésame, les meilleurs pour l'alimentation du bétail, et valent trois fois leur poids de foin.

Les graines grillées sont très-bonnes à manger, et en usage dans toute l'Espagne ; elles peuvent remplacer les amandes dans la plupart de leurs applications culinaires.

Le *noyer* est un grand arbre qui ne rapporte qu'au bout de longues années, et encore est-il fort capricieux et souvent arrêté dans sa croissance par les gelées tardives ; son huile est siccative et bonne à manger et à brûler. On possède actuellement le noyer précoce, qui fructifie déjà à deux ans et mérite un sérieux examen de la part des agronomes, dont les terres fortes et profondes conviennent à ce magnifique arbre. Les noix donnent 25 p. 100 d'huile ; en Suisse, les paysans les mangent telles quelles, ou bien ils en consomment le tourteau, dont le goût est assez agréable.

Dans les pays chauds, on cultive encore l'olivier, le sésame, le cocotier, plusieurs palmiers et le cotonnier, dont les huiles et les graisses arrivent en grandes masses en Europe.

Les plantes textiles doivent être placées bien près des végétaux oléifères, puisque la plupart d'entre elles donnent une huile très-recherchée ; le lin, par exemple, commence à être cultivé presque autant pour son huile que pour sa filasse. La plus importante des plantes textiles est le lin.

Le *lin* a deux variétés. Celle à graines déhiscentes a la tige courte et rameuse ; sa filasse est plus blanche, plus douce, plus fine ; sa graine est plus abondante que celle du lin ordinaire, dont les capsules sont closes. Cette dernière est seule cultivée en grand ; c'est aussi celle qui donne le plus de filasse. Le lin est une plante du Nord à laquelle il faut un sol frais, des rosées abondantes ou un ciel brumeux. Il lui faut une terre très-meuble, bien nettoyée, riche, à l'abri du vent et du soleil de midi. Le fumier récent lui fait donner une filasse moins fine, en sorte qu'on le fume avec du fumier consommé ou avec des vidanges. On sème d'avril en juin, sur terre bien préparée, en général avec des carottes ou un fourrage artificiel ; il faut semer plus clair pour avoir la graine que la filasse, et d'autant plus serré qu'on tient à obtenir une filasse plus fine. Le lin est la seule plante qui soit plus belle quand elle vient de graine vieille ; la graine d'un an ne vaut rien ; elle doit en avoir au moins deux. On ne peut semer le lin en automne que dans les pays chauds et dans ceux où il est couvert de neige pendant tout l'hiver ; en général, on le sème de mars en mai au plus tard, et on le roule fortement quand la sécheresse est à craindre. On le lizière quand il a 6 à 8 centimètres, et on le soutient quand il menace de se coucher. Quand on veut une filasse très-fine, on arrache dès que la fleur est passée, tandis que si on tient à la graine, on attend que toutes les têtes soient mûres, et on arrache à la rosée ; on met en bottes qu'on laisse sécher sur la terre. On arrache les graines au peigne, puis on fait rouir les tiges, afin de détacher la filasse du bois auquel la colle une espèce de gomme, en plongeant les bottes dans de l'eau à 30° ou 40° C, dans laquelle on les submerge. Au bout de vingt-quatre heures, l'opération est terminée. On sèche et bat : 100 kilogr. de lin sec donnent 22 à 25 kilogr. de filasse, composée de 10 à 11 kilogr. de filasse pure, 10 à 13 d'étoupes ; il y a 1 à 2 de perte. Quand on sèche trop fortement le lin avant de le battre, on perd beaucoup de filasse, qui se brise en étoupes. L'hectare rapporte 300 à 600 kilogr. de filasse brute et 7 à 12 hectolitres de graine, qui donnent 22 p. 100 d'huile, employée comme aliment et surtout pour la fabrication des vernis gras.

La graine de lin est formée de :

Gomme, sucre et fécule......	22
Huile et résine	37
Albumine et gluten	26
Ligneux....................	4
Sels minéraux....	6
Eau.......................	5
	100

Les tourteaux de graines de lin sont employés à l'engraissement du bétail, qu'ils favorisent d'une manière remarquable, tout en rendant sa graisse liquide et de mauvais goût, absolument comme s'il s'y était mêlé de l'huile de lin.

Cet inconvénient disparaît quand on ne se sert de ce tourteau qu'au début de l'engraissement, et qu'on le remplace ensuite par les farineux.

Le *chanvre* est dioïque. Les pieds mâles proviennent des graines les plus petites et les plus pointues ; ils sont plus grands et donnent une filasse plus fine que les pieds femelles. Cette plante rustique vient presque partout et atteint 5 mètres de hauteur quand, sous un ciel chaud, elle trouve un sol fertile et humide. Le chanvre veut une terre meuble, fraîche et excessivement riche ; il aime les fumures fortes ; les vidanges lui conviennent spécialement. Il craint beaucoup le froid ; aussi ne le sème-t-on qu'en mai dans une exposition chaude. On sème clair le chanvre à cordes, serré celui à toiles, et très-clair, ou même en pieds isolés, celui duquel on veut avoir des graines. On a remarqué que le chanvre préserve des chenilles les choux qu'on sème autour de lui, ce qui vient sans doute de l'odeur forte exhalée par cette plante, et à laquelle elle doit sans doute ses propriétés excitantes et enivrantes. On arrache les pieds mâles dès qu'après la fleur ils commencent à jaunir, et les femelles quatre à cinq semaines plus tard, quand leurs feuilles s'apprêtent à tomber. On les laisse sécher sur la terre, et quand ils sont secs, on secoue les graines, coupe les racines, rouit comme le lin, et on obtient par hectare 6 à 12 quintaux de filasse et 9 à 24 hectolitres de graines, donnant 28 p. 100 d'huile bonne à brûler et à saponifier. On emploie le tourteau comme engrais.

La graine est formée de :

Huile	30
Résine	2
Fécule, gomme et sucre	20
Albumine et gluten	25
Ligneux	13
Eau	10
	100

La graine est fort employée pour la nourriture des oiseaux de chambre, et quelquefois pour celle des volailles, qu'elle excite à pondre.

Parmi les plantes textiles qui peuvent faire concurrence au lin, nous devons citer :

L'*ortie de Chine*, dont la filasse possède la finesse et le velouté de la soie, ne peut être cultivée que dans les pays où il ne gèle pas fortement en hiver, comme dans le midi de la France. L'ortie commune, par contre, pourrait être cultivée en grand dans les terres sèches. Elles exigent toutes les deux beaucoup d'engrais ; mais celle de Chine veut être arrosée, tandis que la nôtre craint l'eau. Toutes les deux fournissent un fourrage aussi nutritif qu'abondant. L'ortie de Chine n'a pas de piquants comme la nôtre ; aussi peut-on la fourrager telle quelle, tandis qu'il faut laisser l'ortie commune se faner d'abord avant de la donner au bétail, ce qui en abat les poils vénéneux.

Venons-en maintenant aux plantes employées en teinture, et dont la plus et la mieux cultivée est :

La *garance*, dont il y a plusieurs espèces. Celle d'Orient ou *peregrina* semble beaucoup plus riche en matière colorante que celle qu'on cultive en Europe ou *rubia tinctoria* ; mais cela peut venir de ce qu'elle a crû sous un ciel plus chaud, puisque la force tinctoriale des garances d'Europe est d'autant plus grande, qu'elles se sont développées sous l'influence d'un été plus sec et plus chaud. Elle exige un sol très-meuble et très-sec, comme celui des montagnes arides du Liban et d'Espagne, où on la trouve sauvage ; elle aime beaucoup la chaleur.

Quand on fume fortement ou qu'on irrigue la garance, comme le font les cultivateurs, ils obtiennent beaucoup de racines, mais très-pauvres en matières tinctoriales ; l'espèce dégénère, prend la pourriture caractérisée par la présence d'un champignon appelé *tacon*, cesse de donner des graines, et périt misérablement si on ne se hâte de l'arracher. Il ne faut donc jamais cultiver la garance dans des terres basses ou humides. On la multiplie de replants semés en pépinière, de boutures ou d'éclats qu'on plante à 15 centimètres de distance en lignes distantes de 60 centimètres.

La terre doit être bien ameublie, assez fortement fumée ; on bine et butte pendant la végétation ; en automne en fauche les tiges qui sont un excellent fourrage, puis on couvre le plant de terre, afin de le garantir de la gelée. Chaque hectare donne 30 à 40 quintaux de racines fraiches qui contiennent 80 p. 100 d'eau.

Les caillelaits blanc et jaune qui croissent sur les collines sèches de l'Europe centrale contiennent la même matière colorante rouge que la garance, à laquelle leur grande rusticité permettrait peut-être de les substituer avantageusement.

Dans les terres chaudes et sèches de l'Algérie, la garance fournit en abondance un fourrage précieux. Arrachée au bout de neuf ans, ses racines fournissent trois fois plus de matière colorante que la garance d'Avignon à dix-huit mois. La garance peut donc devenir un fourrage de la plus haute valeur pour les terres légères des pays chauds.

La garance donne la couleur la plus solide que possède le teinturier ; aussi son usage est-il général ; mais, à force de vouloir lui faire produire beaucoup en poids, on en diminue la qualité d'une manière très-alarmante pour l'avenir de cette culture.

Le *pastel* fournissait, avant l'arrivée en Europe de l'indigo d'Orient, tout l'indigo nécessaire à la teinture, tandis qu'il est presque abandonné actuellement. Cette plante veut un ciel et une exposition chaude, une terre profondément remuée et bien fumée ; elle résiste bien aux plus grandes sécheresses. On la sème d'août en septembre, ou bien aussitôt que possible au printemps ; il lui faut un ou deux mois pour lever ; pendant sa végétation, on la sarcle. On fauche quand la plante ayant 24 à 30 centimètres de hauteur, ses feuilles inférieures commencent à jaunir ; en général, on coupe le pastel d'automne, la première fois à l'entrée de l'hiver, la seconde en juin et juillet, et la troisième en automne. L'hectare donne 200 à 400 quintaux de feuilles vertes qui produisent 40 à 80 quintaux de boules bleues demandées par les teinturiers. Pour faire ces boules, on laisse les feuilles se faner, puis on les moud, et on en fait une pâte qu'on met en tas de 2 à 3 mètres de haut, sous un hangar, où on la laisse jusqu'à ce qu'elle se ramollisse par la fermentation et qu'un enduit bleu apparaisse à la surface du tas, qu'on défait alors et moule en balles grosses comme le poing qu'on sèche à l'air.

Actuellement le pastel, délaissé comme plante tinctoriale, joue un grand rôle dans les terres sèches, auxquelles il permet de produire beaucoup d'un excellent fourrage ; c'est une plante fertilisante, bisannuelle, qu'on sème en été, et qui résiste au froid le plus intense, aussi bien qu'à la sécheresse la plus prolongée.

Le *polygonum tinctorial*, qui réussit bien dans le midi de la France et veut une terre humide, contient dans ses feuilles sèches 2 p. 100 de magnifique indigo ; mais son extraction n'est pas lucrative. On enlève les feuilles quand les plantes fleurissent ; l'hectare donne 150 quintaux de feuilles fraîches qui en valent 30 de feuilles sèches.

La *gaude* donne la couleur jaune la plus solide ; aussi en consomme-t-on encore une quantité considérable. Elle veut une terre meuble, sèche, fertile, et une exposition chaude ; elle craint beaucoup le fumier frais. On la sème au printemps ou en automne, sur terre bien préparée. La gaude d'automne fournit 20 à 60 quintaux, tandis que celle d'été ne donne que la moitié autant. Pendant la végétation, on sarcle et lizière ; on arrache quand la plante est en pleine fleur, c'est-à-dire de juillet en août, par un temps sec, et on laisse bien sécher sur terre, car si la plante moisissait, la couleur serait perdue. Quand on veut avoir la graine, on laisse les capsules mûrir, et on opère de même ; l'hectare rapporte 1 à 5 quintaux de graine donnant 20 p. 100 de bonne huile.

Le *safranum* ou carthame offre deux variétés : l'une rouge foncé, qui est le safranum oriental ; l'autre rose, qui est l'occidental. On sème en avril ou plus tard, et la plante ne réussit que quand les mois de juillet et août sont secs et chauds. Il demande un sol sec, profond, bien travaillé, et une vieille fumure pour donner de grandes fleurs. Pendant la végétation, on sarcle et bine. On cueille les fleurs dès qu'elles s'ouvrent, et on les sèche dans un endroit ombragé. L'hectare donne 20 à 25 kilog. de fleurs, 9 à 18 hectolitres de graine et 20 à 40 quintaux de tiges. Les graines, fort recherchées par la volaille, contiennent 20 p. 100 d'huile. Le carthame donne une belle couleur rouge très-fugace sur soie et sur coton. Son éclat est tel, qu'elle éclipse toutes les autres.

On ferait bien d'essayer la culture du *coquelicot*, dont la fleur teint en beau et solide rouge la laine, et dont la graine donne une bonne huile.

Il est encore une foule d'autres cultures industrielles que nous rangerons dans une seule catégorie, quoique leurs produits soient fort différents les uns des autres ; la plus importante est celle du *houblon*, dont les fleurs femelles servent à aromatiser la bière et à faciliter sa conservation. Il y en a plusieurs espèces, dont la meilleure est, sans contredit, la tardive à sarments verts ; c'est la plus robuste et celle qui rapporte le plus. Il veut une terre profonde, bien divisée, riche et surtout arrosée, mais non pas à sous-sol imperméable et retenant l'eau ; il lui faut une exposition chaude et abritée contre les vents froids et violents. Tout le secret de la culture du houblon est dans l'imitation de la nature, qui ne nous offre cette plante que dans les vallées tournées au midi ou bien à l'est, sur les bords fertiles des ruisseaux, où elle donne des récoltes aussi régulières qu'abondantes. Quoique le houblon dure aussi longtemps que les arbres, on ne le laisse ordinairement que vingt ans sur le même terrain, sur lequel on porte chaque année au moins 200 quintaux de fumier. Pour établir la houblonnière, il faut par hectare au moins 600 quintaux, jamais plus de 1,200, en sorte que le houblon est de toutes les plantes celle qui exige le plus d'engrais. Il y a là abus évident, dont l'effet est de faire produire au houblon beaucoup plus de tiges, mais moins de fleurs qu'à l'état sauvage. Les jets de cette plante étant d'ailleurs mous et aqueux sous l'influence de cette luxuriante végétation, il s'ensuit que le moindre brouillard fait avorter la fleur et moisir la plante.

On donne aux houblonnières trop de fumier et pas assez
d'eau ; puis on a tort de le faire monter si haut, parce qu'on
l'expose à l'action des vents, qu'on le fait altérer par l'humidité et qu'il échappe à l'action utile de la chaleur terrestre qui
se dégage librement vers le ciel. On multiplie de rejets, en
ayant soin de mettre de côté les pieds mâles, afin d'éviter la formation de la graine. On les plante verticalement : c'est encore
un tort ; il faut les coucher comme la vigne, afin qu'ils s'enracinent sur plusieurs points, ce qui leur donnera plus de
vigueur et empêchera le défoncement à 1 mètre et si coûteux
de la houblonnière. On sarcle pendant la végétation, attache
les jets sur des fils de fer zincés tendus horizontalement ;
récolte d'août en septembre, quand la poussière des cônes
est jaune et qu'ils semblent gluants au toucher. On coupe
les tiges et butte fortement en automne, afin de garantir les
pieds de la gelée. On ne doit cueillir les cônes que par un
temps sec et chaud, quand la rosée est totalement dissipée,
et on les porte sur des claies, où on les entasse à la hauteur
d'une main, dans un endroit sec et bien aéré, où on les retourne deux fois par jour. Plus tard, on les entasse plus
fortement, et on les retourne chaque jour, jusqu'au moment
où les queues en deviennent cassantes ; alors on les dispose
en tas coniques de 1 mètre de haut, où on les laisse jusqu'au
moment de les empaqueter. Le produit varie, suivant les
années, de 3 à 32 quintaux. Comme le houblon fermente
aisément, on le soufre avant de l'emballer ; mais, malgré
cette précaution, on ne peut le conserver qu'un an, et il perd
ensuite ses propriétés aromatiques. Au printemps, on coupe
les premiers jets du houblon, qu'on mange en guise d'asperges. C'est un bon légume dont la saveur amère indique
assez les propriétés dépuratives.

Le *tabac*. — En Autriche, on cultive le tabac rustique à
grosses feuilles et à fleurs vertes, tandis qu'en France on a le
tabac de la Havane à longues feuilles minces et à charmantes
fleurs roses ; le premier rapporte plus, mais donne un tabac
bien inférieur à celui que fournit le second. Cette plante veut
une exposition chaude, un sol léger, meuble et bien fumé,

mais pas avec de l'engrais frais. Il est possible que ce soit à
cet engrais chargé de sels ammoniacaux que nos tabacs doivent leur grande infériorité relativement aux tabacs d'Amérique ; le fait est que nos tabacs n'ont presque pas de parfum,
ce qui arrive à tous les végétaux dont la végétation a été trop
activée par l'engrais. Les feuilles sèches contiennent jusqu'à
8 p. 100 de nicotine ; il y en a moins dans les tabacs d'Amérique, qui ont l'air d'avoir fermenté plus fortement que les
nôtres. La feuille fraîche contient :

Nicotine..................	0,07
Extrait amer.............	2,87
Gomme..................	1,94
Résine	0,27
Albumine...............	1,32
Malate ammonique	4,97
Sels....................	9,59
Eau....................	78,97
	100,00

Son parfum varie avec l'espèce de tabac, la culture et le
pays ; quand il n'est pas assez développé, on y ajoute, pour le
tabac à priser, de la poudre de racine d'iris. Il y a là un juste
milieu à tenir, car en fumant trop peu, la récolte serait faible ;
mais nous pensons que, dans tous les cas, on a grand tort
d'appliquer au tabac des engrais très-actifs et surchargés
d'ammoniaque, comme les vidanges, par exemple. Le parfum
du tabac semble dû à une essence, ses propriétés narcotiques
à un alcali, la nicotine et ses effets excitants à de l'ammoniaque ou à ses sels. Comme le tabac craint beaucoup le froid,
on le sème sous couche, et on le repique en juin à 50 centimètres en tous sens, quand les plants ont cinq ou six feuilles.
Pour en tirer des graines, on plante quelques pieds isolément
dans un endroit chaud et abrité. Pendant la végétation, on
sarcle, butte, puis étète quand les plantes ont huit à douze
feuilles ; plus tard, on enlève les jets latéraux et arrache les
feuilles lorsqu'elles deviennent visqueuses, flasques, et que

10

leur pointe se courbe vers la terre, ce qui arrive généralement en septembre.

On cueille les feuilles par un beau jour, et on les laisse se faner à terre pendant quelques heures ; les feuilles les plus rapprochées du sol donnent du tabac de première qualité ; celles qui croissent au-dessus de 8 à 12 centimètres du sol n'en fournissent que de seconde, ce qui est dû à ce qu'elles sont moins âgées et que, par conséquent, l'essence et la nicotine n'y sont pas encore développées en suffisante quantité. Les feuilles sont portées ensuite sur un plancher bien aéré, où on les laisse pendant un ou deux jours, après quoi on les sèche à l'air et on les entasse, en ayant soin qu'elles ne s'échauffent pas, ce qui en dissiperait les parties odorantes et actives. L'hectare donne 14 quintaux de feuilles sèches qu'il faut mettre hors de la portée du bétail, pour lequel elles sont un violent poison ; les chèvres seules les mangent sans danger.

Le *safran* est une culture intéressante, en ce qu'elle a pour but le gain des pistils de cette plante, qui sont employés en médecine et comme condiment ; il veut une terre sèche, profonde et riche.

L'*absinthe* est l'objet d'une culture lucrative partout où, comme à Neuchâtel, on prépare son extrait ; elle veut un terrain meuble, frais, fertile et un ciel humide ; elle rapporte beaucoup. L'essence contenue dans cette plante jouit de propriétés étourdissantes très-développées qui en font le seul attrait, de même aussi que le danger, car elle doit affaiblir les facultés intellectuelles tout aussi fortement que l'opium et le hachisch : c'est une liqueur bien dangereuse, nous en sommes persuadé.

Le *cardère* est un chardon dont le calice, armé d'un fort crochet, sert à relever le duvet des draps ; il lui faut une terre forte, fraîche et profonde.

La *réglisse* occupe le sol dix-huit à vingt ans. C'est un arbrisseau qu'on cultive pour obtenir le jus sucré dont sont gorgées ses grosses racines, qu'on récolte tous les trois ans, et qui s'enfoncent jusqu'à plus de 1 mètre de profondeur. L'hectare donne 30 à 45 quintaux de racines fraîches.

La *chicorée à café* est différente de la chicorée ordinaire sauvage, en ce qu'elle est moins amère et que ses racines sont plus grosses et plus charnues. Elles sont riches en fécule, en sucre, en gomme, et constituent, après avoir été séchées et torréfiées, le café de chicorée dont l'usage s'étend sans cesse ; ses feuilles sont un bon fourrage. Elle craint le fumier frais et veut une terre meuble, profonde et riche ; semée en avril, on l'arrache en octobre, et on en obtient 100 à 150 quintaux de racines fraîches contenant 82 p. 100 d'eau.

Le *cumin* est fort cultivé en Allemagne et en Suisse, où sa graine sert à aromatiser tous les mets. Il veut une bonne terre légère, meuble, très-fraîche, pour ne pas dire humide, et riche en vieux engrais. On le sème en mai ; on le repique de juillet en août, et bine soigneusement pendant la végétation. Il ne produit que la seconde année, où on le coupe à la rosée, vers la fin de juin, un peu avant sa maturité. On sèche les têtes, et on les bat ; elle rapportent 10 à 20 quintaux de graines sèches. Cette plante avorte complètement dans les années sèches. Ses graines sont un tonique auquel les habitants de nos hautes vallées humides et froides ont sans cesse recours, et auquel ils doivent peut-être leur robuste santé.

Les *concombres* sont cultivés pour leurs fruits, formés de :

Sucre.....................	5
Amidon	1
Cendres...................	2
Gomme et albumine.........	2
Eau......................	90
	100

On les cultive comme les courges, et j'en dirai autant des *melons* communs, ainsi que des pastèques si recherchées des Méridionaux, comme un moyen de calmer la soif. Ces dernières sont formées de :

Parties solides..............	30
Jus	70
	100

Ce jus, qui est légèrement acide, renferme 6 p. 100 de sucre.

Le *souchet comestible* possède dans ses racines une réunion de corps qui permet de le substituer aux amandes douces; séchées à l'air, elles sont composées de:

Huile	28
Fécule	29
Sucre de canne...............	14
Albumine.....................	1
Gomme et sels	7
Ligneux......................	14
Eau......	7
	100

Ces racines, gonflées pendant vingt-quatre heures dans l'eau, puis pilées avec ce liquide, forment un délicieux orgeat très-usité dans toute l'Espagne. Grillées et réduites en poudre, puis mêlées dans la proportion d'un quart au café moulu, ces racines donnent au café une saveur moelleuse et un arôme remarquablement fin.

On plante le souchet au printemps, dans une terre riche, meuble et humide. On l'arrache dès les premières gelées; on sèche les tubercules à l'air et à l'ombre, et on les conserve dans des sacs de papier.

Qu'on me permette de dire quelques mots de certaines plantes peu ou mal connues, et qui peuvent être utiles à l'homme dans la grande culture.

Le *myrica cerifera* ou cirier de Pensylvanie pourrait servir à utiliser les marais, où il donne en abondance son bois excellent à brûler et des baies noires grandes comme des pois, qui, jetées dans l'eau, abandonnent un quart de leur poids de belle cire vert clair, bonne à brûler et qui vient nager à sa surface.

La *massette* ou jonc à massue est un bon fourrage.

Le *scirpe des marais* et la plupart des plantes à racines ou tiges traçantes contiennent beaucoup de fécule qu'on devrait chercher à extraire.

L'*œnothère* bisannuelle ou onagre jaune croit dans les terres les plus sèches, où il donne pendant tout l'été ses larges fleurs jaunes qui fournissent en abondance du miel aux abeilles ; ses racines sont bonnes à manger.

La *gesse tubéreuse*, qui croît dans les terres arides, donne une racine bonne à manger ; elle rapporte peu.

Les *myrtilles* de toute espèce donnent en abondance des fruits très-sains, de longue garde, doués de propriétés anti-dyssentériques très-prononcées ; leurs tiges sont assez chargées de tannin pour pouvoir être substituées à l'écorce de chêne. Il y en a aux États-Unis une espèce à gros fruits qui est l'objet de cultures très-étendues et très-lucratives dans les marais du voisinage de Boston.

Les *fraises* de tous les mois sont d'une telle rusticité qu'elles sont à préférer à toutes les autres espèces ; il leur faut une terre fraîche, bien ameublie et riche ; elles produisent en abondance pendant la plus grande partie de l'année.

Les *groseilliers* appartiennent à deux espèces bien différentes : l'une a les fruits en grappe ; l'autre les a isolés ; ce sont les groseilles à maquereaux, dont les tiges sont garnies d'épines qui manquent toujours aux précédents. On fait des haies avec ces arbrisseaux ; on en garnit les vergers pendant le jeune âge des arbres, afin que le sol ne se dessèche pas et qu'il rapporte. Le groseillier à grappes, fort recherché par les confiseurs, contient dans ses fruits verts une si grande quantité d'acide citrique, qu'on peut l'en extraire avec profit.

Quant aux groseilles à maquereaux, qui sont beaucoup plus douces, on fait avec leur pulpe évaporée de bonnes conserves, et avec leur jus exprimé d'excellent vin ; or, comme cette plante vient dans tous les terrains et supporte les froids les plus vifs, elle permet d'utiliser avantageusement les collines, que dans les pays froids on est généralement forcé de planter d'arbres forestiers. Les groseilliers aiment les terres sèches et profondes, et ne donnent régulièrement et abondamment que dans celles qui sont fumées. Le seul inconvénient de cette plante consiste dans ses épines, aussi fortes que nombreuses, ce qui ne les empêche pas d'être très-cultivés en Angleterre, où on emploie leurs fruits tels quels pour les puddings, et leur jus pour l'assaisonnement des viandes et surtout du poisson. On m'assure qu'on possède depuis un an plusieurs variétés sans épines de cette précieuse groseille; mais je ne les ai pas vues. Il y a beaucoup de variétés qu'on divise en fruits lisses ou velus, rouges, verts, jaunes ou blancs. Il faut les replanter tous les cinq ans, parce qu'ils s'affaiblissent avec les années. Si les groseilliers aiment le soleil, le *framboisier* le craint; il veut une bonne terre meuble et fraîche, où il rapporte beaucoup d'excellents fruits qu'on emploie avec raison pour parfumer les vins, de même aussi que dans la préparation des confitures.

L'extrait alcoolique des fruits est, sous le nom d'extrait de framboises, l'objet d'un commerce important entre la France et les pays chauds.

Il y a plusieurs espèces de framboisiers, dont l'une des meilleures est la grosse orange de l'Himalaya. Cette robuste espèce fournit des fruits plus gros, plus savoureux et plus parfumés que ceux de l'espèce commune, à laquelle elle mérite qu'on la substitue.

Le *noisetier* rapporte beaucoup d'excellents fruits riches en huile douce et bonne à manger, quand on le cultive dans une terre fertile et un peu fraîche.

Cet arbrisseau est très-cultivé en Catalogne, d'où on expédie ses fruits par pleines cargaisons de navires en Angleterre, où on les utilise pour les puddings, de préférence aux amandes.

La *vigne* est le seul arbrisseau qu'on ait encore soumis à la grande culture; elle nous vient d'Orient, où on la trouve encore fréquemment à l'état sauvage. On en compte d'innombrables variétés et espèces, dont on peut se faire une idée en visitant la belle collection du Luxembourg, si admirablement soignée par M. Hardy, auquel on la doit en grande partie. Comme le houblon, la vigne ne pousse ses racines que des entre-nœuds, en sorte qu'il faut la coucher et ne pas l'enfoncer verticalement en terre. Plus on couche un pied de vigne, plus il est vigoureux, tandis qu'il reste misérable, quelle que soit la fertilité du sol, s'il est enfoncé verticalement dans la terre, où il ne trouve pas de nourriture suffisante. Elle veut une terre sèche et meuble, un ciel et une exposition chaude; elle craint excessivement l'eau et gèle facilement dans les terres humides. Comme sa végétation n'est pas très-puissante, il faut ne pas l'effeuiller et ne pas l'épuiser en lui faisant donner trop de fruits. Au printemps, la sève circule dans son bois spongieux avec une force extraordinaire, qui la pousse au dehors par toutes les plaies de la taille. Cette perte de sève ne peut qu'être nuisible à la plante; on doit pouvoir l'empêcher en écrasant les sarments au point où on veut les supprimer, au lieu de les couper. On la multiplie par boutures, marcottes, greffes ou graines; ces dernières ne fructifient qu'après huit ans; elles donnent facilement de nouvelles variétés. Comme la vigne ne réussit pas toujours dans l'Europe centrale, à cause des gelées tardives du printemps et des pluies de la fin de l'été, il est important de choisir pour son climat des espèces précoces, comme le morillon hâtif, qui mûrit quinze à vingt jours plus tôt que les variétés ordinaires, quoique sa végétation ne les devance pas au printemps. A Paris, il mûrit, dans les bonnes années, du 10 au 15 août; il rapporte peu, mais régulièrement, et ses produits sont excellents. Les variétés s'effacent avec les années quand elles ne sont pas placées dans des conditions convenables; ainsi, par exemple, il est bien prouvé que le chasselas redevient aqueux dans les terres basses et humides, et qu'il n'y reprend sa fermeté caractéristique que dans les étés chauds et secs. Comme la vigne aime le soleil, il faut lui donner l'exposition en plein midi, sur des collines abritées des vents violents, qui lui nuisent beaucoup. On place les pieds à 1^m 30 en tous sens, et on tient le sol très-propre. On ne fume qu'avec de l'engrais consommé, ou, ce qui vaut beaucoup mieux, avec du compost. Le fumier pousse trop la vigne en bois et lui fait donner beaucoup; mais ses fruits aqueux et gommeux ne donnent que des vins plats et filants. On fume tous les deux ans à 300 quintaux par hectare, en ayant soin de ne jamais employer le fumier de mouton ou de cheval, qui est le plus nuisible de tous, à cause de sa richesse en ammoniaque. On taille la vigne aussi court que possible, ce qui facilite beaucoup sa maturation ; mais cela est impossible dans les terres humides. On fixe les sarments à des fils de fer zincés tendus horizontalement de l'est à l'ouest.

On taille d'autant plus court que le pied est plus faible et ne laisse que deux ou trois branches ; en juillet, on pince le haut des sarments, ce qui favorise le développement des grappes, mais en retarde la maturation de huit à dix jours, ce dont il faut bien tenir compte ; il vaudrait peut-être mieux ne pas pincer les bourgeons dans les années humides.

On vendange aussi tard que possible, car plus le raisin est mûr, plus il contient de sucre, plus aussi son arôme se développe. L'hectare, contenant 10 à 12,000 pieds de vignes taillés court, donne en moyenne 4,000 kilogr. de raisins, 3,000 kilogr. de feuilles et 20,000 de sarments ; 100 kilogr. de raisin en donnent 75 de moût et 25 de marc ; en conséquence l'hectare rapporte en moyenne 30 hectolitres de moût. Les vignes ne couvrent leurs frais d'établissement qu'à la quatrième année.

Depuis quelques années, les États-Unis nous ont envoyé plusieurs nouvelles espèces de vignes, dont l'une, appelée Isabelle, ou raisin du Cap, sert depuis longtemps à couvrir des tonnelles. Le développement de ces vignes américaines est d'une fabuleuse rapidité ; aussi ne peut-on pas les tailler, et faut-il les laisser s'étendre librement sur des murs ou de hautes palissades. Leur produit est énorme. Les fruits sont très-doux, à gousse blanche, jaune, rouge, et le plus souvent noire. Le meilleur de tous est le Delaware, dont les grains sont très-gros et du plus beau rouge. Il est cultivé en grand et avec le plus grand succès dans le célèbre établissement horticole de MM. Baumann, à Bollviller, en Alsace.

Passant aux arbres, nous allons nous occuper des arbres fruitiers, qu'on ne cultive décidément pas assez, tant leur produit est avantageux. Ils craignent autant les terres trop légères que celles qui sont trop fortes, et aiment un sol chaud, frais et fertile ; au midi, ils donnent des fruits plus colorés et plus savoureux, mais moins abondants qu'aux autres expositions.

Dans les terrains pierreux et secs, on ne peut guère cultiver que les cerisiers, les pruniers et les noyers. Les pommiers supportent bien les terres fortes, les poiriers les terres légères. Tous redoutent l'eau stagnante ; aussi, quand le sous-sol est humide et imperméable, ne peut-on y cultiver que les pruniers, et surtout ceux à fruits longs. Les vergers doivent être aussi abrités que possible contre les vents, qui empêchent les fleurs de nouer et font tomber les fruits.

On peut diviser les fruits, d'après leur saveur, en doux et acides, âpres et fades ; d'après la consistance de leur chair, en croquants, tendres et fondants ; d'après l'odeur, en parfumés et inodores, et d'après la couleur, en blancs, rouges, jaunes, bleus et verts.

C'est de graines, et plus rarement aussi de rejetons, qu'on multiplie les arbres fruitiers. On sème les graines dès leur maturité, parce que, lorsqu'on les laisse sécher, il leur faut souvent un an avant qu'elles germent ; aussi, lorsqu'on craint les souris, les conserve-t-on dans du sable mouillé jusqu'au printemps, ou on les confie à la terre, en ne recouvrant que de peu de terre les pepins, et de 2 à 3 centimètres au plus les noyaux. A un an, on éclaircit le semis de manière à ce que les pieds se trouvent à 15 centimètres les uns des autres. Quand les plants ont la grosseur du petit doigt et une hauteur de 66 centimètres à 1 mètre, on les arrache et les replante en automne, à 30 ou 60 centimètres de distance, dans des lignes espacées de 1 mètre, pour les greffer en fente au printemps. Lors de l'arrachage, on coupe le pivot et toutes les racines malades ; quant à la tige, on la coupe à 12 ou 20 centimètres aux arbres à pepins, et on laisse entière celle des cerisiers et autres arbres à noyaux. Le sol de la pépinière doit être en bon état : s'il est trop riche, ses produits ne viendront bien que dans d'excellentes terres ; s'il est pauvre, ils seront faibles, malades, et ne donneront de beaux produits dans aucune condition. C'est une faute capitale que font les jardiniers lorsqu'ils assignent de mauvais terrains à leurs pépinières.

Quand on greffe, on doit ne réunir que des espèces sem-

blables, et il faut avoir soin de choisir le sauvageon de la force
de l'espèce qu'on veut greffer, car on n'obtient rien de bon
en greffant une espèce forte sur un sauvageon faible, ou bien
en faisant l'inverse. C'est pour n'avoir pas tenu compte de
ces conditions de réussite qu'il y a tant d'arbres fruitiers stériles. On ne peut greffer que par un temps humide et tran-
quille, et il ne faut pas appliquer trop chaud le mélange pâ-
teux de résine, suif et huile dont on couvre la greffe, si on ne
veut pas la voir sécher. Comme les vieux arbres ont beaucoup
moins de vigueur que les jeunes, on doit, pour éviter de leur
nuire, leur laisser quelques jeunes branches lorsqu'on les
greffe.

Quand on veut planter un arbre, on ouvre, au moins un
mois avant l'époque de la plantation, le creux qu'on lui destine, et dont le diamètre doit être plus grand que celui de la
couronne de l'arbre; il ne doit jamais avoir moins de 60 centimètres de profondeur sur 1 mètre de large; plus il est
grand et profond, mieux réussit l'arbre qu'on y plante. On
espace à 16 mètres les noyers et les châtaigniers, à 14 les poiriers et les pommiers, à 10 les cerisiers, les amandiers et les
cormiers, à 7 les griottiers, pruniers et abricotiers, à 5 enfin
les pêchers. L'important est qu'ils soient assez éloignés pour
que leurs branches ne se touchent pas ; aussi peut-on les
rapprocher dans les terrains chauds et secs, où ils acquièrent
des proportions beaucoup moins considérables que dans ceux
qui sont humides. La meilleure saison pour la transplantation
est l'automne; si on est forcé de l'effectuer au printemps, on
devra arroser les arbres toutes les fois que la sécheresse se
déclarera. Lors de la transplantation, on retranche toutes les
racines gâtées et rabat la couronne à la longueur des racines,
surtout dans les terres sèches, puis on dispose le pied de
manière à ce qu'il se trouve dans la fosse, précisément à la
même hauteur où il était dans la pépinière. On étend ses racines, qu'on couvre de terre criblée ; on place par-dessus les
racines, et vers leur pointe de l'engrais bien consommé, puis
on les couvre de terre, et on arrose pour que le tout prenne
de la consistance. Il est important d'orienter l'arbre, c'est-à-

dire de mettre au sud la partie qu'il avait au sud dans son ancienne position; on entoure son tronc avec une corde de paille qui le défend contre l'évaporation, et on le fixe à un tuteur enfoncé au nord, obliquement, et de manière à ce qu'il ne touche l'arbre qu'avec sa tête. L'ancienne méthode d'enfoncer le tuteur à côté de l'arbre a l'inconvénient de blesser les racines, quelquefois aussi la couronne, de gêner le développement de l'arbre et d'offrir aux insectes un excellent abri entre lui et l'écorce.

Quand l'arbre a repris, on le taille, pour en former la tête et en augmenter les produits. La taille commence dès que la sève se met en mouvement. Pour pousser au bois, on taille court et rapproche les branches de la verticale; l'inverse met à fruit. Lorsqu'on coupe des bois de plus de trois ans, on doit couvrir les plaies de résine fondue; sans cette précaution, il s'y développe facilement des chancres. On supprime les branches à fruit dénuées de boutons à bois, et quand l'arbre est trop chargé de boutons à fruits, on en supprime une partie, afin de ne pas l'épuiser.

Le pied de chaque arbre est tenu libre sur un rayon d'un mètre au moins; chaque automne, on le fume avec du compost ou du fumier bien consommé, jamais avec du fumier frais, qui fait pourrir les racines, avec du lizier ou des vidanges, qui poussent à bois et donnent aux fruits une consistance telle qu'ils pourrissent facilement.

Il faut absolument prohiber dans les vergers la culture des plantes qui, comme le trèfle, et plus encore la luzerne, ont des racines fortes et épuisantes, parce qu'elles enlèvent la nourriture aux arbres fruitiers, et qu'elles peuvent même les faire périr.

Le produit des vergers varie beaucoup avec les années; celles qui sont sèches ou très-humides leur nuisent; ils aiment les années chaudes et humides, et craignent beaucoup les gelées tardives.

Les fruits sont essentiellement formés d'eau, qui en fait en général les trois quarts; les autres parties constituantes sont des gommes, du sucre et de l'albumine. Un seul fruit contient de l'huile : c'est l'olive, qui diffère du reste de tous ses congénères en ce qu'elle contient du ligneux au lieu de gomme et de sucre, ainsi que le prouve cette analyse :

Eau	51
Ligneux	15
Huile	10
Noyau	24
	100

Bien que la composition des poires et des pommes varie avec chaque espèce, on peut admettre que les pommes sont formées des mêmes éléments que les autres fruits, variant dans les proportions suivantes :

Sucre	7,00 à 12,00	p. 100
Viande	0,22 à 0,52	—
Acide malique	0,30 à 1,01	—
Acide pectique et gomme	1,35 à 9,19	—
Ligneux, épiderme, pepins et cendres	2,04 à 4,53	—
Eau	73,54 à 87,27	—

La poire truitée, excellente espèce très-cultivée en Alsace, où elle mûrit en septembre, contient :

Sucre de raisin	7,00
Acide malique	0,07
Viande	0,26
Acide pectique et gomme	6,20
Ligneux, épiderme et pepins	3,51
Cendres	0,34
Eau	82,62
	100,00

La figue contient 79 p. 100 d'eau; c'est un produit des pays chauds; son rapport est énorme.

Les figues sèches, que les pays du midi de l'Europe produisent en immense quantité, constituent une nourriture aussi saine que puissante.

La prune est formée de :

Eau 77
Chair 21
Noyau 2
                        ————
                        100

On la conserve sèche ; elle est cultivée en Hongrie et dans le Banat pour l'extraction de l'eau-de-vie ou raky.

L'abricot contient :

Eau 79
Chair 17
Noyau 4
                        ————
                        100

Son produit est capricieux ; il souffre beaucoup des gelées tardives.

La maturation des fruits semble s'effectuer, ainsi que nous l'avons déjà vu dans les généralités, pour les groseilliers, aux dépens de la gomme et du ligneux des fruits verts, qui se changent alors en sucre, ainsi que le prouve l'analyse ci-jointe des cerises :

	Cerises vertes.	Cerises mûres.
Matière colorante verte	0,05	0,00
Sucre	1,12	3,13
Gomme....................	6,01	3,23
Ligneux	1,44	1,12
Albumine	0,21	0,57
Malate calcique	1,89	2,11
Eau..........	89,28	89,84
	100,00	100,00

La *châtaigne* enfin est une graine ; elle contient 48 p. 100 d'eau et beaucoup de sucre ; dans les bonnes terres où il est convenablement fumé, le châtaignier en donne jusqu'à 60 kil. par pied.

En Savoie, les châtaignes constituent une ressource importante pour l'agriculture. La châtaigne est formée de :

Fécule 30,0
Viande 3,0
Sucre 0,5
Huile 1,5
Ligneux, gomme, résine ... 15,0
Cendres 1,5
Eau 48,5
____
100,0

Comme elles ne se conservent pas fraîches, on les passe au four après le pain ; on les écorce et les garde dans un endroit sec ; on les mange alors en bouillie, après les avoir moulues ou les avoir ramollies dans l'eau.

Le *mûrier* est trop peu cultivé comme arbre fruitier, à cause de son produit aussi sûr qu'abondant et très-recherché par tous les animaux domestiques. Il y en a quatre espèces principales : le noir est le meilleur pour le fruit ; le blanc et le rose sont les plus recherchés pour la feuille. Quand on cultive les mûriers pour en nourrir les vers à soie, on les espace à 4 mètres en tous sens, et on les tient de 1 mètre à 1 mètre 1/4 de hauteur. Les jeunes feuilles nourrissent deux fois moins que les vieilles ; ces feuilles sont recherchées par tous les herbivores, pour lesquels elles sont une excellente nourriture. Les mûriers dont le tronc a 12 centimètres de diamètre donnent 10 à 12 kilog. de feuilles ; ceux de 29 à 30 centimètres en fournissent 22 à 30 kilogr. On fait bien de n'effeuiller les jeunes arbres que tous les deux ans. Le mûrier des Philippines est un arbre à fourrage ; sa feuille est trop aqueuse pour les vers à soie, auxquels il manque d'ailleurs souvent, parce que ses jeunes jets ne supportent pas les froids les plus légers.

Toutes les terres qu'on ne peut pas mettre en culture régulière sont plantées en forêts et destinées à la production lignifère, qui assure le toit et les planchers de nos habitations, le bois de nos meubles et le feu de nos foyers. Comme les forêts ne paient pas une forte rente, on ne leur donne que les soins qu'elles peuvent payer, c'est-à-dire qu'on en nettoie le sol pour que rien n'y gêne le développement des arbres, et qu'on les garde contre la dent du bétail et la hache des voleurs. Comme on n'en enlève pas les feuilles, les forêts se fument d'elles-mêmes, et l'humus que leurs feuilles produisent en pourrissant sur le sol est bien plus considérable que ce qu'elles peuvent en absorber; aussi, dans le cas où la couche de feuilles est considérable, peut-on en permettre l'enlèvement sans aucun inconvénient. Il faut au contraire les laisser avec le plus grand soin dans les jeunes forêts, auxquelles elles sont indispensables, tant pour l'alimentation des racines que pour maintenir l'humidité dans le sol. Chaque chêne ou hêtre de soixante ans donne au moins 25 kilogr. de feuilles sèches par an; quant aux conifères, dont les feuilles ne tombent qu'au bout de trois ans, ils en perdent au même âge, chaque année, environ 5 kilogr.

On multiplie les arbres forestiers de graines qui doivent provenir de sujets adultes, espacés entre eux et bien portants. Les chênes à graine doivent avoir 80 ans; les hêtres, 70; les sapins, 60; l'orme et le frêne, 40; les bouleaux, pins et aulnes, 30 ans; les mélèzes, 25 ans, et ainsi de suite. Les arbres que nous cultivons en forêts mûrissent leurs graines: le peuplier et le saule en mai, les sapins en septembre, et tous les autres en octobre, sauf l'aulne, qui n'arrive à sa maturité qu'en novembre. On sème toutes ces graines le plus tôt possible. Quant aux cônes des arbres résineux, on les sèche dans des étuves chauffées à 38° C, et on en extrait la graine qu'on ne sème qu'en mars, ce qui lui fait gagner beaucoup en qualité. L'hectolitre de cônes donne, suivant l'espèce, 5 à 15 litres de graine mondée. Il n'y a que les conifères dont les graines se conservent deux à trois ans; elles germent, comme celles des autres arbres, en quatre ou six semaines.

Quand les jeunes sujets ont deux ou trois ans au plus, on les arrache avec une motte de terre, et on les plante à demeure en les espaçant à 1 ou 2 mètres en tous sens; dans les mauvaises terres, on met plusieurs pieds dans le même trou. Comme le transplantage est coûteux, on sème en général à demeure, et on sarcle et nettoie le semis aussi souvent que cela est nécessaire.

On divise les arbres forestiers en arbres à aiguilles ou conifères, qu'on appelle aussi arbres résineux, et qui conservent leurs feuilles toute l'année, à l'exception du mélèze, et en arbres à feuilles larges ou caduques, comprenant tous les autres. Les arbres à aiguilles croissent en général très-vite et s'élèvent tout droit, tandis que les autres se ramifient : ils n'exigent pas une terre profonde, supportent bien la sécheresse et les froids, mais pas les vents très-violents, parce que leurs racines sont trop superficielles. Les conifères sont répandus sur toutes les parties du globe, depuis les Cordillères, où croît le noir araucaria, jusqu'à la Nouvelle-Hollande, qui possède tout une série de conifères à larges feuilles ; au Liban, patrie du cèdre majestueux, et à la Laponie, où on rencontre le pin nain, tandis qu'en Italie il élève fièrement dans les airs ce beau dôme de verdure qui lui a valu le nom de pin parasol. L'if et le genièvre, avec leurs fruits charnus, sont encore des conifères. Dans toute cette majestueuse et pittoresque famille, deux membres seuls ont des propriétés vénéneuses : ce sont l'if et surtout l'immonde sabine, dont nos ancêtres confiaient la culture aux sorcières. L'amande des cônes des pins pignon et cembro est bonne à manger ; celle de tous les autres conifères est riche en huile. Le bois du pin cembro a deux couleurs tellement tranchées qu'on en a profité pour faire de charmants ouvrages dont les teintes relèvent la ciselure : l'aubier est blanc, et le bois d'un assez beau rouge. Le cembro croît lentement ; il est tortueux et habite les vallées des Hautes-Alpes.

Au Chili, la graine de l'*araucaria brasiliensis* remplace les amandes pour toutes les préparations culinaires ; elle est d'ailleurs aussi grosse et en possède le goût.

Le *sapin rouge* se sème à la dose de 14 à 18 kilogr. de graine nettoyée et de 20 à 28 de graine ailée par hectare ; il veut une terre forte et fraîche, sans être mouillée. Il vaut mieux le semer que le transplanter, parce qu'après trois ans il ne se développe pas. Le sapin blanc présente les mêmes caractères.

Le *pin sylvestre* demande une terre profonde dans laquelle

il puisse enfoncer son pivot, qui est assez fort pour lui permettre de mieux résister aux vents que les deux précédents. Il croît partout où la terre est légère et prospère jusque dans les fentes des rochers. C'est lui qu'on cultive dans les sables du nord, où il est d'un immense secours pour leurs misérables populations, qui s'éclairent avec leurs racines fendues en lanières, s'échauffent avec son bois, qui ... sert à leurs bâtisses, et donnent quelquefois ses feuilles à leurs bestiaux. Son fruit met deux ou trois ans à mûrir. Cet arbre est excessivement chargé de résine et d'essence, do... émanations sont favorables aux personnes dont la poitrine est attaquée.

Depuis quelques années, on lui substitue avantageusement le beau pin noir d'Autriche, qui, tout aussi rustique que lui, croît plus vite et s'élève plus haut. C'est d'ailleurs le seul arbre forestier qui prospère dans tous les terrains et à toutes les expositions.

Le *mélèze* est le seul conifère d'Europe dont les feuilles tombent en hiver ; c'est le seul aussi dont la sève contienne beaucoup de sucre, comme celle des arbres à feuilles caduques. Son bois dur est presque incorruptible ; aussi est-il très-recherché pour les poutraisons et pour les échalas des vignes. Il lui faut une terre fraîche et profonde ; il périt lorsqu'on le plante seul, sans doute parce que les autres arbres l'étouffent ou bien qu'il souffre de la sécheresse lorsqu'on l'isole.

Le *pin de lord Weymouth* est une plante admirablement belle et propre aux terres humides. Nous connaissons peu d'aspects aussi grandioses que celui de la triple allée de ce magnifique arbre qui mène au château du Schiffenberg, depuis Giessen, dans la Hesse-Darmstadt. Cet arbre, qui devient fort grand, croît très-vite et reprend facilement.

Le *thuya de Canada* et les *taxodium* viennent aussi dans les terres humides. Le cyprès chauve affermit même les marais en étendant à leur surface ses longues et vigoureuses racines. Nous ne pouvons assez recommander aux forestiers le *taxodium sempervirens* ou cyprès toujours vert des montagnes Rocheuses, dont la croissance rapide, le bois dur et le port admirable font la parure des montagnes élevées et humides des États-Unis. Il nous réussit très-bien à Neuchâtel, dans une terre assez forte et humide, à l'exposition nord. Quant au cyprès chauve, avec lequel nous espérions affermir les marais du Haut-Jura, il y a péri sous l'influence du froid; cet arbre vient très-bien, en échange, sur les bords du lac de Neuchâtel, en sorte qu'on pourrait le cultiver avec succès dans les marais des plaines de France et du sud de l'Allemagne; son utilité serait inappréciable pour les marais de la Hongrie et de la Russie méridionale.

Le *genevrier* est excellent pour faire les haies des prés très-secs; c'est un excellent bois à brûler. Ses baies sont toniques et excitantes; elles guérissent la pourriture des moutons; fermentées après avoir été broyées avec de l'eau, elles fournissent de l'eau-de-vie due à la décomposition du sucre qu'elles renferment en très-grande quantité.

Le *hêtre* ou foyard est, après le chêne, le plus grand de nos arbres forestiers; quoique doué de beaucoup de vigueur, il est sensible aux grands froids, ainsi qu'à la sécheresse. Il ne donne des graines qu'à soixante ans; on les emploie à la fabrication de l'huile et à l'engraissement des porcs. Un hectare de ces arbres suffit pour l'engraissement de quatre porcs mangeant chacun 500 kilogr. de faînes. Les faînes ne sont pas bonnes pour toute espèce de bétail; elles sont vénéneuses pour les chevaux. Quoique cet arbre vienne partout où le climat n'est pas trop froid, il ne prend tout son développement que là où il trouve une terre profonde, riche et fraîche. Dans le canton de Schwytz, derrière la ville de Sarnen, on trouve au pied de la montagne du Brunig des hêtres de près de 30 mètres de hauteur, droits comme des sapins et ayant aussi la tige nue comme eux, tandis qu'en général ces arbres présentent l'aspect du chêne. Les racines pivotantes de cet arbre sont très-robustes, toutefois pas autant que celles du chêne.

Le *chêne* ne fructifie pas avant quatre-vingts ans; ses glands sont àpres. Il possède cependant des variétés à fruits doux avec lesquelles on fait un café fortifiant qui commence à être beaucoup employé. Le chêne adulte donne 20 à 25 kil. de gland par an; or, comme il en faut 600 kilogr. pour engraisser un porc, il s'ensuit que 27 de ces arbres sont nécessaires pour y suffire. Le gland est composé de :

Fécule	36,93
Sucre	7,00
Gomme et acide tannique.	5,00
Albumine et gluten.......	15,00
Graisse..................	3,27
Ligneux	1,90
Sels....................	0,90
Eau.....................	30,00
	100,00

Pour le conserver, il faut le passer au four, sans quoi il germe. On le donne surtout vers la fin de l'engraissement, parce qu'il communique beaucoup de fermeté au lard.

Cet arbre ne vient bien que dans les terres riches, fraîches et profondes de 2 mètres au moins. Les chênes d'Amérique croissent beaucoup plus vite que les nôtres; mais leur bois est tendre et blanc. L'un d'eux, le quercitron, donne une belle couleur jaune; le liber du chêne-liége sert à fabriquer les bouchons. L'écorce du chêne est la plus riche en acide tannique; aussi est-elle employée en totalité par les tanneurs; elle donne même lieu à une culture spéciale dans les montagnes de la Forêt-Noire, où on cultive le chêne pendant neuf ans; on le coupe, l'arrache et l'écorce, sème du blé à sa place, et en automne on rend la terre aux chênes. L'écorce ne contient plus de tannin quand elle est vieille. Le bois lui-même est encore plus riche en tannin que l'écorce; c'est une découverte sur laquelle j'appelle l'attention des tanneurs.

Le *bouleau* est un arbre précieux pour les climats froids et humides; il étend au loin ses vigoureuses racines et donne une foule de produits utiles. Les feuilles, recherchées par le bétail, sont formées de :

Résine, cire et ligneux....................	39,9
Gomme, sucre, albumine et acide tannique..	11,4
Huile volatile	0,2
Eau	54,5
	100,0

Les racines donnent la fameuse résine à laquelle le cuir de Russie doit sa force, son imperméabilité et son odeur; son liber sert, comme celui du tilleul, à faire des étoffes grossières, et l'écorce elle-même, souple et compacte comme du cuir, le remplace dans une foule d'applications; elle est composée de :

Résine	18,6
Sucre et gomme	4,5
Liége	9,2
Acides gallique et tannique	2,2
Sels	5,5
Eau	60,0
	100,0

C'est donc un mélange de liége avec une résine demi-liquide.

La sève enfin, riche en sucre et en crème de tartre, est employée à la fabrication de boissons mousseuses analogues au vin de Champagne et fort recherchées par les habitants du Nord. En un mot, le bouleau est aux pays froids ce que le palmier est aux pays chauds.

Le *frêne* exige une terre forte, pourvu qu'elle ne soit pas submergée; il croît vite et fournit le bois le plus tenace; aussi est-il consommé presque en totalité par les charrons. Ce bois blanc, rayé de longues et fortes veines brunes, prend un beau poli; c'est avec lui que les Viennois fabriquent ces meubles qui font le juste orgueil de leurs ébénistes et qui, lorsqu'ils sont neufs, ressemblent à ceux de bois de citronnier. Leur teinte se fonce un peu avec les années, mais reste toujours fort agréable et plus belle que celle d'aucun bois exotique. L'écorce et les feuilles de cet arbre passent pour fébrifuges; le feuillage en est fort recherché par tous les herbivores. C'est le meilleur de tous les bois à brûler. Comme les cantharides recherchent ses feuilles, il faut éviter d'en fourrager le bétail avant de s'être assuré que ces dangereux insectes les ont quittées.

L'*aulne* a le bois rouge et l'aubier blanc; c'est l'arbre des pays humides. Ses longues racines aiment à plonger dans l'eau; aussi l'emploie-t-on pour garnir les bords des rivières et des lacs qu'il affermit, tout en les rendant productifs. On le multiplie des drageons qu'ils donnent en abondance; son bois est excellent pour les constructions aquatiques, telles que les conduites d'eau, les écluses et autres analogues. Son écorce est employée en teinture, et ses feuilles en médecine, comme fébrifuge.

Les *peupliers* sont fort commodes à cause de la rapidité de leur croissance, qui leur permet de protéger rapidement contre les vents de grandes étendues de terrain, et de produire en peu de temps beaucoup de bois. Ce bois blanc et léger brûle facilement, mais ne produit pas beaucoup de chaleur. Les feuilles sont recherchées par le bétail. Cet arbre sert de refuge à une multitude d'insectes, et tout spécialement aux teignes, ce qui doit le faire éloigner soigneusement des habitations et des ruchers. Le peuplier aime les terres fraîches riches, et croît même dans l'eau. Nous en dirons autant du platane d'Occident et du saule. Ce dernier est beaucoup cultivé pour son écorce riche en salicine, principe fébrifuge très-recherché en Amérique et qui n'est point apprécié en Europe à sa valeur réelle.

Les peupliers et les saules fournissent en abondance un fourrage si excellent, surtout pour les moutons, qu'ils préservent et guérissent de la cachexie aqueuse, qu'on devrait les cultiver en grand dans toutes les terres humides.

Le *platane d'Orient* est certainement le plus bel arbre qu'on puisse planter dans les terres fortes et fraîches; il croît vite, donne d'excellent bois et n'a qu'un défaut, celui de laisser tomber de ses bourgeons et de ses feuilles une espèce de duvet irritant qui force à l'éloigner des habitations, parce qu'il produit une vive inflammation des yeux et des poumons.

Le *robinier* ou faux acacia exige un sol léger, très-sec et assez profond; il croît vite et donne un excellent bois à brûler; ses grosses épines en rendent l'exploitation difficile. L'aubier en est blanc, le bois vert et cassant.

L'*érable* faux platane est un beau et bon bois qui vaut

tout autant que le hêtre; il vient partout, bien qu'il préfère les terres profondes et fraîches.

Le *tilleul* donne un bois blanc, un feuillage excellent pour le bétail, des fleurs employées en médecine et très-recherchées par les abeilles; il vient partout, mais redoute la sécheresse et les grands vents.

L'*orme* vient aussi partout, se cultive comme le hêtre et donne, moins l'huile, les mêmes produits.

La même essence d'arbre peut revenir sans cesse sur le même terrain. Ce qui a fait croire l'inverse, c'est que, dans les coupes blanches, la même espèce ne reparaît pas toujours dans le sol qu'elle vient de quitter; mais c'est un effet tout naturel de l'absence des porte-graines, car si on en laisse ou qu'on en sème les graines, on verra aussitôt repousser l'espèce qu'on avait détruite et qui se développera avec vigueur.

Avant de parler des produits, nous devons nous arrêter à la *récolte*, à la manière de l'opérer et de la conserver. On récolte les plantes au moment où le produit qu'on veut en tirer a atteint son degré de perfection; ainsi on coupe au moment où il monte en épis le seigle qu'on veut faire manger en vert, tandis qu'on laisse mûrir celui dont on veut utiliser la graine. Le meilleur moment pour couper les fourrages est celui où ils vont fleurir, parce qu'ils sont gorgés de sucs nutritifs qu'on utilise alors en totalité. Plus tôt, ils n'ont pas acquis tout leur développement; plus tard, on perd les fleurs qui se détachent et tombent par la dessiccation. Quant aux feuilles, on les cueille quand elles ont acquis le développement voulu pour chacune d'elles; nous en dirons autant des tiges.

Toutes les fois que l'on veut les graines pour reproduire la plante, on doit en attendre la complète maturité; dans le cas contraire, on ne l'attend pas, ce qui fait qu'on est moins pressé pour la moisson, qu'on perd moins de graines et qu'on obtient des céréales une farine beaucoup plus blanche. On peut moissonner les céréales par le sec; mais on ne doit jamais couper le colza et autres plantes à silique que par la rosée, parce qu'elles s'ouvrent et laissent échapper les graines quand elles sont sèches. Dès que les graines sont abattues, on les lie en bottes qu'on sèche debout et qu'on rentre ou met en meules ayant un courant d'air au centre, vers lequel on tourne les épis.

Quand la pluie survient après la coupe des blés, on place quatre gerbes debout, et ouvrant la cinquième, on la renverse sur les épis des quatre autres, qu'elle garantit en plein. Avec le foin, nous avons vu qu'on pouvait tirer parti de sa fermentation, au lieu de le sécher sur des perches ou des arbres artificiels qui le font profiter du mouvement de l'air.

On conserve les grains dans des granges très-sèches, en ayant soin de les garantir des émanations du bétail. Quant aux racines, on les met dans un endroit sombre et sec, dont la température ne doit pas dépasser 8 à 10° C, ou bien on les conserve dans des silos creusés à 30 centimètres dans une terre sèche et qu'on remplit avec les racines qu'on y empile en pyramide. Les tas formés, on les couvre de paille, puis de 30 centimètres de terre, en laissant des soupiraux par lesquels on donne de l'air quand il fait beau, et qu'on clôt avec le plus grand soin par la gelée. Grâce aux silos, on conserve sans peine les betteraves jusqu'au mois de mai, ce qui est impossible dans les meilleures caves.

Quant aux pommes de terre, elles se conservent sans peine dans les caves, pourvu qu'on les y retourne tous les mois, afin d'éviter que les tubercules ne s'échauffent, ce qui les fait germer. En défaisant les tas, on a soin de placer dessus les pommes de terre qui étaient dessous, parce que celles du fond se chargent d'humidité et que celles du dessus se fendent en se desséchant.

On garde les grains dans des chambres closes et sèches, bien éclairées, et faciles à visiter et à nettoyer ; on y entasse les graines fraîches à 45 ou 50 centimètres pour les céréales, 10 à 15 centimètres au plus pour le colza ou les pois. Pendant les premières semaines, on remue les graines deux fois par jour, afin qu'elles ne s'échauffent pas ; plus tard, seulement chaque mois. Elles perdent la première année 3 p. 100 de leur volume, et 1 1/2 seulement durant les années suivantes.

Cette diminution de volume est due au retrait de la graine, qui se contracte à mesure qu'elle perd son eau.

Pour chasser les souris des greniers, on emploie les chats ou les furets, ou bien on leur donne des graines de ricin, qu'elles mangent avec avidité et qui les tuent infailliblement; il est plus difficile d'atteindre les insectes. Pour chasser les insectes des greniers, on fait bien d'y entretenir quelques rouges-gorges ou fauvettes; quand ils y pullulent, on a recours aux feuilles de sureau qu'on mêle aux tas de grains, et avec lesquelles on fait des fumigations en les faisant bouillir avec de l'eau.

En dernière analyse, dès que le mal est considérable, il faut mettre le grain dans des tonneaux bien clos qu'on soufre fortement, ou bien dans lesquels on verse quelques gouttes de sulfide carbonique qui tuent tous les insectes sans nuire aux grains.

On emploie un litre de ce liquide pour dix hectolitres de grain. Cette opération est dangereuse, parce que les vapeurs de sulfide carbonique sont vénéneuses, et qu'elles détonent avec violence quand on en approche un corps enflammé. Il faut donc opérer en plein air et éviter qu'il y ait du feu dans le voisinage.

Les *fruits* sont transportés dans des caves fraîches et susceptibles d'être aérées; sans être chaudes, elles doivent être à l'abri de la gelée. Si on veut garder les fruits plus longtemps, alors on les dessèche après les avoir coupés en morceaux ou simplement ouverts, ce qui permet de les conserver intacts pendant quatre ou cinq ans.

Il arrive qu'on tient quelquefois à garder entières des plantes vivantes; on les met alors dans des bâches enfoncées de 2 à 3 mètres dans le sol et couvertes d'un vitrage qu'on découvre quand il fait beau. Mieux vaut adjoindre à l'étable une serre vitrée, qu'elle chauffe et dans laquelle on élève, sans autres frais que ceux de la construction, toutes les espèces dont on a besoin pour les plantations du printemps. Ces serres doivent être toujours exposées en plein midi et munies de vasistas distribués de manière à pouvoir en aérer toutes les parties. Elles ont l'inconvénient de permettre le développement des pucerons, qui y pullulent bientôt sous l'influence de l'air humide que la respiration des bestiaux y accumule ; mais on s'en débarrasse vite en y lâchant quelques oiseaux insectivores, tels que des rouges-gorges, rossignols ou fauvettes. On les tue aussi à l'aide de fumigations de tabac, ou en soufflant sur eux des petits nuages de poudre insecticide de Vicat. Cette poudre se fait avec les fleurs du pyrèthre du Caucase, qu'on sèche et pulvérise, puis conserve pour l'usage dans des flacons soigneusement bouchés.

CHAPITRE VI

Produits.

Parmi les divers produits extraits ou fabriqués dans les campagnes avec les plantes, nous devons nous occuper spécialement des suivants :

Farines. — Le grain se conserve indéfiniment, mais non pas la farine, qui s'altère au bout de peu de mois et devient aigre, en sorte qu'il faut bien se garder d'en faire des provisions. On peut prévenir cette altération en séchant la farine sur des plaques de tôle chauffées à 125° C., et en l'emballant toute chaude dans des barils bien secs, où on la comprime fortement. Cent parties de grains donnent, suivant la perfection du moulin, 40 à 72 p. 100 de farine de première qualité, 30 à 60 de seconde qualité, 10 à 3 de farine noire, 25 à 12 de son et perte. Pour faire le pain, on pétrit la farine avec les deux tiers de son poids d'eau, du levain et du sel, et on obtient après la cuisson, qui s'effectue entre 150° et 300° C, un tiers plus de pain qu'on n'a employé de farine. Le pain contient de 45 à 50 p. 100 d'eau, et ne se laisse conserver qu'après avoir été complètement desséché. Le grain légèrement torréfié est de fort longue garde ; grâce à lui, on peut se passer de la mouture, car il donne, tout simplement délayé dans l'eau chaude, des potages et des bouillies excellents. C'est une préparation en vogue chez tous les peuples nomades, et que nous devrions imiter dans une foule de circonstances, tant à cause de sa longue garde et de son bon goût que de ses propriétés antiputrides, qui doublent son utilité dans les pays chauds. Comme les farines sont hygrométriques, on les conserve dans des coffres fermés placés dans des endroits secs. La farine répandue en poussière dans les airs s'enflamme au contact des corps en ignition, et détone avec force ; on doit donc se garder d'approcher avec une lumière des endroits d'où il s'élève de la poussière de farine.

Le son est un peu plus facile à conserver que la farine ; mais il s'échauffe aussi avec une déplorable facilité, quand on ne le met pas à l'abri de l'air humide.

La *fécule*. — On ne la fabrique qu'avec des pommes de terre qu'on râpe et dont on lave la pulpe sur un tamis à mailles serrées, aussi longtemps que l'eau passe trouble. L'eau, en se reposant, dépose la fécule, qu'il n'y a plus qu'à recueillir et dessécher. L'amidon est la fécule extraite des grains, mais par un procédé long et malsain.

Le *sucre*. — Pour l'obtenir de la sève des érables et des bouleaux, il n'y a qu'à la concentrer assez pour qu'elle cristallise ; cette opération est plus compliquée avec la betterave, parce qu'elle contient beaucoup de substances étrangères. Le jus de la canne en contient 10 à 18 p. 100 ; celui de la betterave, 5 à 14 ; celui des érables, 8 à 10, et celui des bouleaux, 1 à 4 p. 100.

Au lieu d'extraire le sucre des betteraves et des carottes, on le soumet quelquefois directement à la fermentation pour en fabriquer de l'alcool ; on retire alors de :

100 kilogr. de betteraves 4 litres d'esprit trois-six.
100 — de carottes 5 — — —

L'esprit trois-six est de l'alcool à 33 centièmes d'alcool anhydre, et qui, mêlé avec un poids égal d'eau, produit l'eau-de-vie ordinaire. Cent parties de sucre se dédoublent lors de la fermentation en 49 parties d'acide carbonique qui se dégage, et 51 parties d'alcool qui reste en dissolution dans l'eau. Le jus des racines dont nous nous occupons tournant à l'aigre, on y met, par hectolitre, 100 gr. d'acide sulfurique, pour empêcher la fermentation acétique, et 100 gr. de levure pour provoquer la fermentation alcoolique.

Pour extraire l'eau-de-vie des fruits, on les broie, et on fait avec de l'eau une pâte claire qu'on fait fermenter dans des vases clos. Comme la fermentation est achevée au bout de trois ou quatre semaines, on distille à cette époque, et on retire de chaque corbeille de 22 litres de poires douces 2 litres à 2 litres 1/2 d'esprit trois-six, et de chaque corbeille de pommes seulement 1 litre à 1 litre 1/2. Un hectolitre de petites cerises mondées fournit 10 litres d'alcool.

On tire aussi quelquefois l'alcool de la fécule, après l'avoir transformée d'abord par la diastase qui se trouve dans l'orge germée, ou bien aussi par l'acide sulfurique dilué, en sucre de raisin ; c'est ainsi qu'on opère pour distiller les pommes de terre et les grains, qui donnent les quantités suivantes d'esprit trois-six :

100 kilogr. de froment	donnent	84	litres alcool trois-six.
— —	seigle	—	72 — — —
— —	orge	—	66 — — —
— —	avoine	—	60 — — —
— —	p. de terre	—	24 — — —

Les *huiles* siccatives sont fournies par les pavots, le lin et les noyers ; les huiles grasses, par les autres plantes. On les extrait par la pression, et cela d'autant plus facilement que les graines sont plus sèches, parce qu'ayant perdu toute leur élasticité, elles se laissent plus facilement broyer et réduire en pâte. Comme elles s'écoulent troubles de dessous la presse, on les clarifie en les filtrant sur de la sciure de bois blanc, ou bien en les battant avec une solution d'écorce de chêne dans l'eau bouillante. On emploie la décoction chaude de 5 kilogr. de tan pour chaque hectolitre d'huile. La méthode la plus usitée pour la clarification de l'huile consiste à la mélanger avec 2 p. 100 d'acide sulfurique, à bien remuer le mélange, puis, au bout de vingt-quatre heures, à décanter l'huile claire qu'on lave avec de l'eau chargée de craie, pour saturer l'acide sulfurique. Cette méthode est défectueuse en ce qu'elle développe dans l'huile des acides gras composés, auxquels nous attribuons la prompte détérioration du mécanisme des lampes alimentées avec ce mélange.

Quelle que soit leur espèce, toutes les huiles doivent être conservées à l'abri du contact de l'air, dans des vases clos; pour les huiles fines, le mieux est de les mettre en bouteilles et de les conserver à la cave comme les vins.

Voici le tableau de la richesse en huile de toutes les graines employées à son extraction :

Coprah ou noix de coco	69
Madia sativa	33
Tournesol	22
Sésame	54
Olives	40
Coton	24
Ricin	69
Lin	38
Caméline	32
Colza	44
Moutarde	32
Pavot	42
Chanvre	32
Courge	39
Amandes douces	56
Arachide	50
Noix	64
Faînes	43
Noisettes	60
Sapin	32
Pin	45

Les *résines* sont un des produits les plus lucratifs des

forêts d'arbres à aiguilles : 100 pins de 32 à 40 centimètres de diamètre donnent 200 à 400 kilogr. de résine par an, lorsqu'on renouvelle cinq fois pendant l'année la surface des entailles. La résine brute est un mélange d'essence de térébenthine, de colophane, d'eau et de bois ; on la purifie en la fondant, et on en retire 90 p. 100 de brai purifié qui, distillé, produit 12 à 15 centièmes d'essence et 70 de colophane.

Les *écorces* sont une grande source de gains dans le voisinage des tanneries ; on n'emploie que celles des jeunes chênes ou des jeunes branches des vieux arbres. Il faut les sécher et les tenir soigneusement à l'abri de la pluie, qui leur fait perdre leurs propriétés utiles, en leur enlevant le tannin. Nous venons de voir qu'on peut employer le tannin à la purification des huiles ; on pourrait l'appliquer aussi à celle du jus de betteraves et de raisins.

Les *fruits* entiers sont conservés dans un épais sirop de sucre, ou bien aussi dans le vide par le procédé Appert, connu à présent de toutes les ménagères sous le nom de bainmarie. Le procédé de M. Masson, qui consiste à dessécher les fruits et les légumes à une basse température dans le vide sec, et à les comprimer ensuite, donne des produits de toute beauté, et qu'il suffit de tremper dans l'eau pour leur rendre toute leur fraîcheur primitive. Ce procédé a dû être abandonné, parce qu'il est trop cher ; mais comme son principe est juste, on y reviendra quand on l'aura simplifié.

En général, on dessèche les fruits dans des étuves et, en les gardant dans un endroit sec, on peut les y conserver durant quatre ou cinq années consécutives, bien que leur saveur diminue considérablement avec le temps.

Les gelées de fruits sont obtenues par la cuisson des fruits avec de l'eau ; ce sont les fruits acides qui en donnent le plus : les fraises et les framboises n'en renferment que peu, tandis qu'on en obtient beaucoup avec les groseilles et les pommes. La substance qui produit la gelée est analogue au bois, et c'est la cuisson avec l'acide qui la met en liberté en la gonflant ; du reste, les alcalis produisent le même effet, à ceci près qu'après avoir formé cet acide pectique, ils le dissolvent, en sorte que pour avoir la gelée on doit la précipiter à l'aide d'un acide. Nous avons déjà vu que les propriétés de l'acide pectique le rapprochent de la bassorine, dont il ne diffère absolument que par sa solubilité dans les alcalis. Une faute qu'on fait souvent est de cuire les gelées trop longtemps, parce qu'alors l'acide pectique se change en gomme, non susceptible de se prendre en gelée.

Quand on a affaire à des fruits non gélatinisables, on les cuit en consistance de sirop épais, qu'on peut conserver longtemps et qui est une fort bonne provision d'hiver, que les abeilles aiment beaucoup et avec laquelle on peut les nourrir, après avoir eu la précaution d'y mettre de la craie pour en saturer l'acide, qui les dévoierait très-fortement.

Bois. — La conservation des bois, fort importante en magasin, l'est bien plus encore dans les habitations, dont ils font une partie bien essentielle et trop facilement altérable. Il ne peut être ici question que des bois de construction, car les bois à brûler ne restent pas longtemps dans les magasins, et il n'y a qu'à les garantir de l'eau qui les fait pourrir.

La coupe des bois est réglée par la diminution dans la vitalité des arbres, et surtout par le moment où leur production en bois a atteint son maximum d'intensité, c'est-à-dire de 60 à 120 ans pour les conifères, et de 100 à 150 ans pour les arbres à feuilles, suivant l'exposition et la nature du sol. On abat aussi les arbres dès qu'ils ont la taille voulue pour certaines industries : ainsi les futaies de châtaigniers, dès qu'elles ont la grosseur du bras ou moins encore, parce qu'on les emploie à la confection des cercles des tonneaux.

En général, on ne coupe après la sève du printemps ou d'août que les arbres dont on veut enlever l'écorce, et on a raison pour les bois de construction, parce que leur bois est beaucoup plus sujet aux vers, ce qui vient de ce que presque tous les principes solubles en ayant disparu, ils sont infiniment plus poreux. En général, on coupe en automne et en hiver.

Les bois donnent d'autant plus de chaleur et sont d'autant plus compacts qu'ils ont crû sous un ciel et sur un sol plus secs. Le bois qui chauffe le plus est celui de frêne, après lequel vient celui de hêtre, de chêne, le bouleau, les bois résineux et enfin les bois blancs.

Les bois les plus durables sont ceux de chêne, de châtaignier et de mélèze ; celui d'aulne résiste mieux qu'eux à l'eau.

Les vers attaquent les bois blancs et tendres de préférence à ceux qui sont durs et de couleur foncée.

Les bois donnent de 50 à 60 p. 100 de leur poids en charbon, qui est d'autant meilleur qu'on l'a brûlé à une température plus basse.

Il faut que les bois qu'on emmagasine soient bien secs, sans quoi ils s'altèrent, pourrissent et ne sont plus bons, même à brûler.

Les procédés de conservation des bois doivent être rangés dans deux classes, dont l'une comprend ceux qui consistent à imprégner le bois de substances antiputrides, et l'autre ceux qui se bornent à le couvrir avec des enduits imperméables à l'eau et à l'air.

Les procédés d'imprégnation des bois sont tout récents, puisque nous les devons à M. le docteur Boucherie, qui le premier a eu l'heureuse idée de faire absorber aux arbres en pleine sève les solutions métalliques qui devaient les garantir de la destruction ; ce savant distingué se servit, dans ce but, d'acétate ferreux, et nous pensons que c'est aussi cette voie qui est la bonne, puisqu'elle seule permet de métalliser le bois, parce que l'acide acétique étant volatil, se dégage et laisse seul l'oxyde métallique, qui s'unit si intimement au bois qu'il forme corps avec lui et lui communique tous ses caractères. L'acétate ferreux a l'inconvénient de teindre les bois en brun ; on ferait bien de lui substituer l'acétate zincique, qui n'en changerait pas la couleur, tout en jouissant de propriétés encore plus antiseptiques que celui de fer. Les autres sels employés, tels que les sulfates ferreux, cuivrique et le chlorure zincique, agissent avec beaucoup moins d'énergie que les acétates, parce qu'ils ne se combinent pas avec le bois auquel ils ne sont que superposés ; aussi peut-on les lui enlever en les trempant dans l'eau. Avec le temps, ces sels s'altèrent cependant : une portion de leur oxyde est mise en liberté, tandis que l'acide auquel il était uni attaque le bois et doit le désorganiser plus ou moins profondément. Ceux de ces sels qui réussissent le mieux sont les sulfates ferreux et cuivrique, mais surtout le chlorure zincique.

On fait la solution zincique en dissolvant 1 litre de chlorure zincique dans 30 litres d'eau, et celle de cuivre en employant 1 kilogr. de sulfate cuivrique pour 4 litres d'eau ; on y immerge les bois pendant quelques jours, jusqu'à ce qu'ils soient bien imbibés de la solution, dont on les retire pour les égoutter ensuite. Les bois préparés avec des solutions métalliques sont aussi inaltérables et aussi incombustibles que la pierre ; aussi ne peut-on point assez en recommander l'emploi dans les habitations.

Nous traiterons les divers procédés de vernissage des bois quand nous nous occuperons des constructions rustiques, puisqu'on n'applique ces enduits que sur place.

Il est une industrie agricole qui va nous arrêter assez longtemps et clore ce chapitre : c'est celle des *vins*, dont il y a plusieurs sortes, suivant qu'on les fait avec la sève des bouleaux, le jus des cerises, des poires, des pommes, des prunes ou des raisins. Un seul est en usage partout : c'est celui de raisins, auquel nous vouerons toute l'attention qu'il mérite, puisqu'il est devenu la source des bénéfices les plus nets et les plus sûrs de l'agriculture.

On appelle *cidre* le vin qu'on fabrique avec les pommes ou les poires. Le cidre vaut mieux que le vin pour les ouvriers, qu'il fortifie sans les échauffer, ce qu'il doit à ses propriétés légèrement laxatives. C'est avec les pommes aigres et tardives qu'on fait le meilleur cidre, pourvu qu'on les cueille bien mûres. Après la cueillette, on met les pommes en tas dans un endroit sec, où on les laisse un peu s'échauffer, après quoi on les broie aussi complètement que possible sous des meules, et on exprime la pâte ainsi obtenue. Le jus abandonné à lui-même entre bientôt en fermentation, et on le soutire dans des tonneaux propres dès qu'il est clair ; ensuite on le soigne comme du vin. On donne le marc au bétail, après l'avoir salé et mélangé avec du foin. En général,

8 à 10 corbeilles de 22 litres de pommes donnent 150 litres de jus.

Le moût de raisin tire, suivant l'espèce, la nature du raisin et surtout celle de l'année, 4 à 12° AB, c'est-à-dire qu'il est plus ou moins riche en sucre. Quand le moût contient 6 p. 100 de sucre, il tire 4 1/2° AB et donne un vin imbuvable ; avec 10 p. 100, il est buvable ; 12 p. 100, soit 9° AB, moyen ; 14 p. 100, passable ; 16 p. 100, bon ; 20 p. 100, excellent ; mais il est bien rare qu'on atteigne ce dernier chiffre. A l'aide de ces données expérimentales, il est clair qu'en ajoutant à du mauvais moût, qui ne tire que 9° AB, 5 p. 100 de son poids de sucre de raisin, on en fera un vin excessivement al- coolique. Quant au bouquet, celui-ci dépend de l'arôme de la gousse, qui ne se développe que dans les bonnes années ; aussi doit-on le parfumer avec des framboises, de l'éther acétique ou autres analogues, lorsque la vendange, se faisant par un temps froid, la fermentation n'est pas assez active.

Le moût renferme aussi du bitartre potassique, ou crème de tartre, à la dose de 0,25 p. 100 dans celui de première qualité, 0,50 p. 100 dans le moût doux ordinaire, 0,75 p. 100 dans le moût aigrelet et 1 à 2 p. 100 dans celui qui est acide. La crème de tartre régularise la fermentation et l'empêche de devenir putride. L'acide tartrique n'apparaît qu'en dernier lieu dans le raisin, où on trouve d'abord, et tant qu'il est dur et vert, l'acide malique, comme dans les feuilles, puis son isomère l'acide citrique, et enfin l'acide tartrique. Comme l'acide citrique est toujours fort cher, il y aurait avantage, dans les mauvaises années, à l'extraire des raisins mal mûrs, plutôt que de les employer à faire une boisson aussi malsaine que désagréable.

Comme la crème de tartre est insoluble dans l'alcool, il y en a peu ou point dans les vins liquoreux, tels que ceux du midi de la France et de l'Espagne ; aussi tournent-ils à l'aigre avec la plus grande facilité, lorsqu'on les expose à l'air.

L'acide tannique, qui existe en très-forte proportion dans les gousses et surtout dans le râfle des raisins, contribue beaucoup à la purification et à la conservation des vins, en précipitant le ferment qui, sans son intervention, resterait en suspension et continuerait à agir jusqu'à ce que le vin eût passé à l'état de vinaigre. En laissant longtemps le moût en contact avec les râfles, on le charge d'acide tannique qui lui donne beaucoup d'âpreté et le rend de fort longue garde. Il lui faut souvent des années avant qu'il soit buvable ; mais il est alors bien limpide et prend souvent un bouquet délicieux et tout spécial. Un cuvage prolongé sur les gousses est indispensable aux vins rouges, quand on désire les avoir chargés en couleur, parce que c'est dans la gousse que réside leur matière colorante. Des viticulteurs imprudents cherchent quelquefois à corriger l'âpreté de leurs vins en y introduisant de la chaux, et ils atteignent leur but, car les acides neutralisés se précipitent en même temps que la chaux à laquelle ils se sont unis ; mais il faut boire ces vins-là de suite, si on ne veut pas les voir devenir visqueux, puis passer rapidement à l'état de vinaigre.

La fermentation du moût doit s'opérer dans des appartements chauffés à + 10° C; au-dessus de 12° C, le moût tourne facilement à l'aigre ; au-dessous, elle est lente, irrégulière et se continue alors dans les tonneaux, où elle se prolonge beaucoup, ce qui n'est pas sans inconvénients. Quand la fermentation est trop brusque, le bouquet du vin ne se développe pas ; c'est par cette raison que les vins du Midi n'en ont pas, tandis qu'il est une des plus précieuses qualités de ceux du Nord. Le bouquet des vins du Rhin rappelle l'odeur des feuilles de noyer ; celui des vins de Bourgogne, l'éther acétique. Quant aux vins de Neuchâtel, ils ont souvent l'odeur des fraises et des framboises. Nous avons eu des vins blancs du canton de Vaud dont le bouquet était absolument semblable à celui de l'ananas. Les vins du Vésuve, et tout spécialement le lacryma-christi blanc, ont un bouquet d'une intensité bien extraordinaire et qui est semblable au parfum des éthers. Comme nous ignorons quels sont les soins qu'on donne à ces vins, nous ne pouvons pas non plus nous faire d'idée de la manière dont ce délicieux bouquet a pris naissance. En Crimée, on parfume les excellents vins de cette presqu'île avec les fleurs du chalef ou celles des roses, et on les y désigne, non point, comme on le fait ailleurs, par leur origine, mais bien par le nom de la plante avec laquelle on les a parfumés.

Lorsqu'on met le vin en bouteilles, au printemps, au moment où il subit la seconde fermentation, il devient mousseux, parce que son acide carbonique ne pouvant se dégager, il reste dans le vin. Telle est l'origine de l'immense industrie des vins mousseux, dits de Champagne, dans lesquels on provoque cette seconde fermentation en y introduisant du sucre.

Pour avoir de beaux vins rouges, on laisse le moût fermenter sur les gousses pendant huit ou dix jours, et on exprime dès que la fermentation cesse, ce qu'on reconnaît à ce que les gousses, soulevées d'abord par le gaz qui se dégageait, tendent à tomber au fond du vase. Il est important de couvrir avec le plus grand soin les cuves dans lesquelles s'opère la fermentation pour empêcher les gousses d'entrer en contact avec l'oxygène de l'air, qui y développe beaucoup d'acide acétique, dont le goût et la saveur aigres nuisent considérablement au vin.

Quand la fermentation est terminée, on ajoute aux moûts faibles, dans les tonneaux, de l'alcool à la dose de 1 litre par hectolitre pour avoir un bon vin ordinaire, et jusqu'à 8 litres pour imiter les vins secs du Midi. La quantité d'alcool contenue dans les meilleurs vins ordinaires varie de 9 à 18 p. 100; pour donner une idée de leur composition, nous rapporterons l'analyse de deux excellents vins :

	Bourgogne.	Bordeaux.
Alcool..............	13,53	9,48
Acide tannique........	0,88	1,31
Matière colorante......	0,86	0,46
Sels organiques........	0,42	1,09
Sels minéraux	0,31	0,14
	16,00	12,48

Cette analyse démontre que la grande différence qu'il y a

entre les vins de Bordeaux et ceux de Bourgogne vient de ce que les premiers renferment davantage d'acide tannique et de crème de tartre.

On imite parfaitement les vins de Bordeaux en ajoutant à de bons vins rouges, et par hectolitre, 250 grammes de crème de tartre et 25 à 30 grammes de bon cachou jaune.

Le moût qui s'écoule d'abord du pressoir donne un meilleur vin que celui qui provient des seconde et troisième expressions, parce qu'il n'est pas aussi chargé que ce dernier des acides tartrique, malique et tannique contenus dans la grappe.

Le moût passe du pressoir à la cave, où on le reçoit dans des vases en chêne verni extérieurement à l'huile de lin, et non pas avec une couleur à base métallique, qui peut communiquer au vin des propriétés vénéneuses, ou au moins un goût désagréable. Le vin se fait moins vite dans des tonneaux vernis que dans ceux qui ne l'ont pas été, parce qu'il ne s'y concentre pas, et que l'oxygène de l'air ne peut plus arriver jusqu'à lui; en échange, le volume du vin ne diminue plus aussi rapidement, et les vases se conservent beaucoup plus longtemps.

Les caves doivent être bien aérées, assez humides et assez profondes pour qu'il n'y gèle jamais; il faut les tenir avec la plus scrupuleuse propreté, car la moindre odeur qui s'y développe passe dans les vins, auxquels elle communique facilement une saveur désagréable.

Les tonneaux sont généralement en chêne; ils doivent être constamment très-propres. Une fois remplis, on doit remplacer le vin à mesure qu'il s'évapore, sous peine de le voir passer à l'aigre et se couvrir de fleurs. Dès qu'un vase de cave est vide, on le lave à grande eau, on le laisse égoutter, puis on le soufre, afin de l'empêcher de moisir; on renouvelle cette dernière opération six ou huit fois par an. Les tonneaux neufs, de même aussi que ceux qui ont moisi, sont nettoyés avec un lait de chaux, puis à l'eau claire, et soufrés ensuite comme d'habitude. On doit bien se garder d'enlever à la main la moisissure des tonneaux avant que de les laver, parce qu'en passant dans les poumons et la bouche, elle occasionne des empoisonnements très-graves et dont l'effet est immédiat. Le soufrage atteint en plein son but; mais il communique au vin une désagréable odeur de *pierre à fusil* qu'il faut tâcher d'éviter : on y est arrivé en brûlant les tonneaux avec de l'alcool. Pour appliquer ce procédé, on verse dans le vase un verre d'eau-de-vie qu'on enflamme aussitôt sans rouler le tonneau auparavant; si on ne mettait pas le feu à l'alcool dès qu'on l'a versé, ses vapeurs se mêleraient à l'air et produiraient avec lui un mélange détonant d'une façon épouvantable et qui ferait sauter le vase en éclats, comme cela est arrivé il y a quelques années au canton de Vaud, où deux hommes ont été tués de cette manière. Quand on veut brûler un tonneau qui n'est pas vide, on y introduit l'alcool dans un verre suspendu à la bonde qu'on remet en place après y avoir mis le feu; ce moyen, tout aussi actif que le soufrage, bien loin de gâter le bouquet du vin, semble au contraire l'augmenter.

Ordinairement, la fermentation continue dans les tonneaux, qu'on ne doit donc pas remplir en totalité ; on en ferme le trou de bonde avec un petit sac rempli de sable qui laisse passer l'acide carbonique, tout en retenant l'air atmosphérique. Pendant que la fermentation dure, il faut bien se garder de tenir les caves closes, car l'acide carbonique qui s'y accumulerait en très-grandes masses pourrait occasionner des accidents qui ne sont, hélas! que trop fréquents. Il est donc prudent de s'assurer que l'air est respirable, avant de descendre dans les caves où il y a du moût en fermentation; rien n'est plus facile, puisqu'il suffit d'y introduire une chandelle allumée fixée au bout d'une perche. Si elle brûle bien, il n'y a rien à craindre ; dans le cas contraire, il faut aérer fortement jusqu'à ce que tout l'acide carbonique soit enlevé.

Quelquefois les vins pauvres subissent une altération appelée *graisse* et qui les rend filants comme de l'huile ; on les rétablit avec une solution d'écorce de chêne qui précipite le ferment, cause unique de cette dégoûtante altération.

Au printemps, et par un beau temps, de février en mars,

on soutire le vin dans des vases propres, et on recommence
chaque année, en ayant soin de remplir tous les mois le vide
produit dans les tonneaux par l'évaporation du vin. Les vins
s'améliorent avec les années, d'autant plus vite qu'ils sont
plus doux ; les vins âpres ou très-riches en alcool sont les
seuls qu'on puisse conserver longtemps ; les autres deviennent
fades ou s'acidifient. Les vins se font beaucoup mieux dans
les grands vases que dans les petits ; quand ils sont faits, on
les met en bouteilles, et on les y conserve fort longtemps. Il
est très-important que les bouchons soient très-bons, car le
plus petit défaut communique au vin une saveur très-désa-
gréable. Quand les vins sont louches, on les colle avec le
blanc de quatre ou cinq œufs par hectolitre, avant de les
mettre en bouteilles. Une légère addition de cachou dans les
vins facilite beaucoup leur clarification et leur conservation,
tout en leur donnant le goût et les propriétés du vin de
Bordeaux.

Le marc des raisins est mis à fermenter, après quoi on
le distille, de même aussi que les lies qui se déposent dans
les tonneaux ensuite de la fermentation du vin ; ce qui reste
est criblé. On donne les gousses aux volailles ou bien aussi
au bétail. Quant aux grains, on les soumet à la presse ; ils
fournissent par hectolitre 4 à 7 kil. d'une huile douce aussi
bonne que celle d'olive.

Le résidu de la distillation des lies de vin est employé à la
fabrication de la crème de tartre.

Enfin on perd les feuilles de la vigne ; il serait bien avantageux de les arracher immédiatement après la vendange, de
les sécher ou de les saler pour la nourriture du bétail ; ce
serait un gain presque net, et qui aurait l'avantage d'enlever
aux vignes les œufs d'une multitude d'insectes qui sont attachés sous les feuilles.

On imite assez bien le vin en soumettant à la fermentation
un mélange fait avec 400 kil. de sucre de raisin et 2 kil. de
crème de tartre pour 288 litres d'eau, puis en ajoutant à
cette préparation l'arôme et la couleur végétale les plus
semblables à ceux du vin que l'on veut imiter.

On fait le vinaigre en mêlant un litre de vinaigre avec quatre litres de bon vin, et exposant le mélange à une température de + 15° C. dans un petit tonneau de terre cuite dont on laisse le trou de bonde entr'ouvert, afin que l'oxygène de l'air puisse entrer. Il suffit d'une quinzaine de jours pour que le vin soit transformé en vinaigre. Une fois que le tonneau est en train, il n'y a qu'à remplacer le vinaigre qu'on prend par une quantité égale de vin, pour que sa production ne s'arrête pas.

CHAPITRE VII

Maladies.

Il y a deux causes des maladies des plantes; les unes dépendent d'une altération mécanique, et les autres d'une altération chimique.

Les *altérations mécaniques* sont dues à l'effet de la gelée qui déchire les tissus, ou de la sécheresse qui les racornit, ou bien aussi à la dent des animaux; quant aux altérations chimiques, elles sont dues à des causes nombreuses dont les principales sont l'absence des conditions normales de développement, puis et surtout l'action d'une humidité surabondante accompagnée d'une température relativement basse.

Pour ce qui a trait aux moyens d'irriguer et de dessécher les terrains, nous renvoyons à la chimie du sol; nous n'avons donc à nous occuper que de la destruction des animaux nuisibles. Les bêtes fauves, qui abîment si souvent les champs placés aux bords des forêts, sont faciles à prendre avec des collets, parce qu'elles suivent toujours le même sentier. Le sanglier seul fait exception à cette règle; aussi le tue-t-on à coups de fusil ou bien avec les racines de son goût, dans lesquelles on a introduit de l'opium qui l'étourdit et permet de l'assommer sans danger. C'est au collet qu'on prend les lièvres et les lapins. Quant aux rats et aux souris, on les empoisonne avec une pâte dans laquelle on introduit une forte proportion de graines de ricin pilées; cette préparation est beaucoup moins dangereuse pour les autres animaux que celle d'arsenic ou de phosphore qu'on emploie habituellement. La pâte phosphorée est bien dangereuse dans les habitations, à cause de la facilité avec laquelle elle s'enflamme en se desséchant; aussi ne doit-on l'y employer qu'avec la plus grande circonspection. Pour se défaire des souris dans les prairies basses, il n'y a qu'à les irriguer, tandis que dans celles qui sont très-sèches, le pacage en détruit un grand nombre en les écrasant dans leurs galeries. Du reste, le meilleur moyen de se débarrasser des souris est de leur opposer les petits carnivores tels que les oiseaux de nuit, les renards, les chats, mais surtout les hérissons, dont les services sont presque partout méconnus des agriculteurs; aucun animal ne détruit autant de souris, limaces, vers, sauterelles et autres insectes que l'inoffensif hérisson, qui ne touche jamais à une substance végétale. Les oiseaux sauvages ne ravagent jamais les champs, auxquels ils sont d'ailleurs fort utiles en les débarrassant des insectes. Il n'en est pas ainsi durant les semailles; mais on arrête ces petits voleurs en chaulant les graines. Quand les pigeons sauvages menacent les champs de vesces, ou les moineaux ceux de grains, il suffit de quelques coups de fusil ou d'un épouvantail pour les éloigner. Si les oiseaux de proie n'étaient pas si dangereux pour les basses-cours, on devrait les recommander pour la destruction des souris et des limaces, dont ils font une grande consommation.

Les plus terribles ennemis, le véritable fléau de nos cultures, ce sont les insectes, qui les poursuivent depuis le moment où on les met en terre jusqu'à celui où elles mûrissent leurs graines. Nommer les millepieds, les pucerons, les chenilles, les hannetons, les courtilières et les vers, c'est passer en revue une fraction des ennemis les plus acharnés du cultivateur; mais le Créateur, qui a formé les insectes pour mettre un terme au développement des plantes, en a mis aussi à la multiplication des insectes, dont les ennemis les plus actifs sont les oiseaux, depuis ceux de proie jusqu'à la caille, la poule et le moineau. Quelques-uns d'entre eux, comme les hirondelles et les fauvettes, ne se nourrissent absolument que d'insectes; viennent ensuite les chauves-souris, qui sont dans le même cas, puis la taupe et le hérisson, ainsi que la courtilière. On reproche à la taupe, et plus encore à la courtilière, de gâter une foule de plantes en creusant leurs galeries souterraines, et on a raison, surtout pour cette dernière, qui mange aussi les racines des végétaux auxquels la taupe ne touche jamais. La taupe est un animal éminemment utile et qu'on ne trouve jamais que dans les endroits où il y a beaucoup de vers ou de larves d'insectes ; bien loin de le poursuivre, on devrait le multiplier partout où les hannetons font des ravages, si ses galeries ne gâtaient pas une telle étendue de terrain. Ce juste reproche n'atteint pas le hérisson, qu'on ne peut assez recommander aux cultivateurs, sous tous les rapports. Il est vraiment à regretter qu'on ne substitue point partout le hérisson au chat dans l'intérieur de nos habitations, puisqu'il en a tous les avantages sans en offrir un seul des si nombreux inconvénients.

Le meilleur moyen de se défaire des hannetons consiste à les ramasser en secouant les arbres au lever du soleil, et à les étouffer en les jetant dans un tonneau à moitié rempli d'eau, sur laquelle on jette quelques litres de goudron de gaz, d'huile de pétrole ou d'huile de colza. On les utilise ensuite comme engrais.

Pour détruire les larves, il suffit de labourer à la herse, au milieu du jour, les champs infestés. Dès que les vers de hannetons sont à l'air, les rayons solaires les tuent, à ce qu'on assure. Le moyen le plus sûr est toujours cependant de les ramasser et de les étouffer par le procédé qu'on vient de décrire.

Tous les insectes sont tués ou chassés par l'odeur, mieux encore, par une infusion de feuilles de sureau blanc, ou bien aussi par le chloroforme, si facile à employer qu'il devrait se trouver entre les mains de tous les agriculteurs.

Contre les limaces, le sel rend d'excellents services ; c'est un véritable poison pour ces mollusques. Le plus économique est cependant de leur opposer les hérissons ou les canards, qui en font une telle consommation qu'en peu d'heures ils en débarrassent les jardins. Ce moyen, que nous employons depuis bien des années, n'entraîne aucun inconvénient quand on ne lâche les canards dans le jardin qu'après leur avoir donné largement à manger ; sinon, ils se laissent aller à becqueter quelques feuilles, sans pourtant causer jamais de véritables dommages, comme les poules.

On arrête les ravages du petit insecte noir qui ronge les fleurs des pommiers en fixant en octobre, autour de leur tronc, une ceinture faite avec 3 kil. de poix pour 2 kil. d'huile de colza, dans laquelle ces dangereux petits animaux restent pris lorsqu'au printemps ils cherchent à monter sur les arbres. C'est aux oiseaux qu'il faut confier le soin de la destruction des chenilles, à moins qu'on ne leur donne directement la chasse, ce qui est facile, lorsque le soir elles se réunissent en groupes qu'on enlève sans peine. Comme les chenilles déposent leurs œufs dans les fentes de l'écorce et sur les feuilles sèches, on fait bien d'enlever les vieilles écorces, ainsi que les feuilles restées sur les arbres ; du reste, le moyen le plus sûr de préserver les arbres de la vermine, c'est d'y faire nicher en grand nombre les fauvettes, pinsons et autres petits oiseaux insectivores.

Lorsque les sauterelles apparaissent, c'est avec le rouleau qu'il faut les attaquer, quitte à perdre la récolte, qui, retournée avec le cadavre de ces terribles insectes, donne une excellente fumure qui permet à une récolte dérobée de couvrir une partie du déficit causé par l'invasion de ces animaux, qui étendent leurs ravages depuis l'Afrique jusqu'au Valais et plus loin encore.

Quand les pucerons atteignent des plantes précieuses, on les prend à la main ; mais dans le cas où ils envahissent un champ, il faut enlever toutes les feuilles sur lesquelles ils se trouvent et les enterrer, arroser avec du purin, afin de donner de l'élan à la végétation et de mettre par un prompt développement à l'abri de leurs piqûres les nouvelles feuilles qui ne tardent pas à remplacer celles qu'on vient d'arracher. En général, dès que les insectes envahissent une récolte, il faut l'enlever; c'est le seul moyen d'en avoir quelque chose, tout en détruisant la génération entière des parasites. Ce conseil, donné par le savant M. Guérin-Menneville, ne peut être assez publié, puisqu'il tranche le mal par la racine. On détruit les pucerons, qui se fixent sur les racines des plantes, en les arrosant avec de l'eau dans laquelle on a dissous 10 grammes de savon vert par litre.

Les altises ou puces de terre, qui ravagent les plants de choux et de raves, ne résistent pas à l'eau de sureau ou de suie; elles craignent beaucoup aussi les cendres répandues en poussière sur elles.

C'est avec un mélange de 1 partie de calomel bien broyé avec 4 parties de sucre qu'on se défait infailliblement des guêpes, blattes, grillons, et surtout des fourmis; comme cette préparation est dangereuse pour l'homme, il faut la mettre à l'abri des passants et n'en faire que la quantité à employer tout de suite.

Elle agit parce que le calomel se change rapidement en sublimé corrosif, qui est un violent poison quand il entre en contact avec la salive acide des insectes.

La plupart des *maladies chimiques* des plantes sont caractérisées par des suintements ou bien par le développement de végétations parasites analogues aux moisissures. La *gomme* des arbres fruitiers est due à la présence de l'eau dans le sol, ou bien à la sécheresse, qui provoque une stagnation de la sève sous l'écorce; elle est en général mortelle. On arrête la *carie* des blés par le chaulage. Quant à la *rouille* et aux différentes espèces de *pourriture*, elles sont l'effet d'une humidité surabondante qu'il n'est pas possible à l'homme d'écarter; il ne peut qu'en atténuer les effets en cultivant des plantes plus vigoureuses que les céréales et les pommes de terre, qui y sont le plus sujettes parmi toutes celles qu'on cultive.

La *chlorose* ou jaunisse des plantes est l'effet d'un mauvais hiver ou d'une fumure imparfaite; on la guérit en fumant en couverture. Elle se déclare aussi dans les terres marneuses, lorsque les végétaux arrivent à la couche d'argile imperméable : le dessèchement est alors son remède.

La *miellée* ou extravasation de la sève survient au mois d'août quand, après de grandes pluies, la végétation est brusquement arrêtée par la sécheresse ; alors la sève, ne pouvant plus redescendre dans le tronc, sort par les pores des feuilles.

On arrête la moisissure de la vigne en projetant, à l'aide d'un soufflet, de la fleur de soufre sur les parties atteintes. Ce remède guérit la moisissure de tous les autres végétaux.

Depuis l'année dernière, les vignobles du Midi sont attaqués par un puceron qui les tue en suçant leurs racines ; on arrête ses ravages en inondant les vignes, ou en arrachant et brûlant tous les pieds atteints. Le mieux serait peut-être de les déchausser et de les arroser avec de l'eau de savon, comme il a été dit à la page précédente.

TABLE.

—

———

TABLE ALPHABÉTIQUE DES MATIÈRES.

ORLÉANS, IMPRIMERIE DE GEORGES JACOB, CLOÎTRE SAINT-ÉTIENNE, 4.

www.ingramcontent.com/pod-product-compliance
Lightning Source LLC
LaVergne TN
LVHW011950180726
843502LV00005B/1392